ESSAI

D'UN

CATALOGUE

MÉTHODIQUE ET DESCRIPTIF

DES

MOLLUSQUES

TERRESTRES,

FLUVIATILES ET MARINS,

OBSERVÉS DANS L'ILLE-ET-VILAINE,
LES DÉPARTEMENTS LIMITROPHES DE L'OUEST DE LA FRANCE,
ET SUR LES COTES DE LA MANCHE
DE BREST A CHERBOURG,

Par **J. DESMARS.**

REDON
P. CHAUVIN, IMPRIMEUR, RUE DE LA GARE
ÉDITEUR

M DCCC LXXIII.

ESSAI

D'UN

CATALOGUE MÉTHODIQUE ET DESCRIPTIF

DES MOLLUSQUES

TERRESTRES, FLUVIATILES ET MARINS.

ESSAI

D'UN

CATALOGUE

MÉTHODIQUE ET DESCRIPTIF

DES

MOLLUSQUES

TERRESTRES,

FLUVIATILES ET MARINS,

OBSERVÉS DANS L'ILLE-ET-VILAINE, LES DÉPARTEMENTS LIMITROPHES DE L'OUEST DE LA FRANCE, ET SUR LES COTES DE LA MANCHE DE BREST A CHERBOURG,

Par **J. DESMARS.**

REDON

P. CHAUVIN, IMPRIMEUR RUE DE LA GARE

ÉDITEUR

M DCCC LXXIII.

Les Mollusques terrestres et fluviatiles qui font l'objet de cette première partie sont classés d'après le bel ouvrage de MOQUIN-TANDON *(Histoire naturelle des Mollusques terrestres et fluviatiles de France, 1855)*, avec les changements exigés par les récents progrès de la science. Pour les signes et abréviations, nous suivons les usages généralement admis. Nous donnerons d'ailleurs, à la fin de notre deuxième partie, en même temps qu'une clef dichotomique des genres, le vocabulaire des termes employés en conchyliologie, la liste des auteurs cités, etc.

TROISIÈME EMBRANCHEMENT DU RÈGNE ANIMAL (G. CUV.):

MOLLUSQUES Cuv.

Animaux pairs, sans squelette intérieur, mous, enveloppés d'une peau musculaire *(manteau)* qui, le plus ordinairement, produit à sa surface, plus rarement dans son épaisseur même (*Limax*, *Aplysia*, etc.), une partie calcaire (*coquille*) généralement composée d'une pièce (*coquille univalve*) ou de deux (*coquille bivalve*). — Respiration pulmonaire ou branchiale. — Circulation complète. — Système nerveux, constitué par des masses ganglionnaires; les deux supérieures dans le collier œsophagien (*cerveau*), les autres disséminées dans tout le corps et reliées entre elles par des cordons. — Génération ovipare, plus rarement ovovivipare.

PREMIÈRE PARTIE.

MOLLUSQUES terrestres et fluviatiles.

ANIMAUX VIVANT SUR LA TERRE OU DANS LES EAUX DOUCES, JAMAIS DANS LA MER.

CLASSE I. GASTÉROPODES.

Tête distincte; manteau à un seul lobe; disque charnu (*pied*) placé sous le ventre et servant à la reptation ou à la natation. — Coquille univalve, le plus souvent extérieure.

Tribu I. INOPERCULÉS.

Coquille sans opercule.

Ordre I. INOPERCULÉS PULMONÉS Moq.-Tand.

Pulmonés terrestres Cuv.

« Une cavité tapissée d'un réseau vasculaire pour la respiration aérienne. » Le plus ordinairement quatre tentacules rétractiles. — Espèces terrestres.

Fam. I. LIMACIDÆ Gray, Ann. phil. 1824, p. 107. (LIMACIENS Moq.-Tand., t. II, p. 8).

Animal : corps sans tortillon spiral, sans pied distinct ; le plus ordinairement quatre tentacules, dont les deux supérieurs, plus longs, sont oculifères au côté extérieur de leurs sommets ; organes générateurs à orifice commun, placé du côté droit, aussi bien que l'orifice pulmonaire et l'orifice anal. — Coquille 0 ou rudimentaire.

Genre I. **ARION Fér.** *Hist. moll.* 1819, p. 53.

Animal : corps atténué aux deux extrémités, généralement tuberculeux, mais ne présentant jamais de mouchetures discolores ; mâchoire armée (comme celle des *Hélices*) de côtes antérieures et de dents marginales ; orifice pulmonaire placé en avant de la cuirasse et orifice générateur situé immédiatement au-dessous du premier ; une glande mucipare caudale. — Coquille 0, représentée par des granulations calcaires intérieures, isolées ou agrégées.

A. Grains calcaires isolés sous la cuirasse (**LOCHEA** Moq.-Tand.).

1. **A. rufus** L. *Syst. nat.* Ed. x, I, p. 652.— Moq.-Tand., t. II, p. 10, pl. I, fig. 1-27. — *A. empyricorum* Fér. *Hist. moll.*, p. 60, pl. 1-3. — Cette espèce (vulg. *Loche rouge*) est partout commune sous les pierres, dans les endroits humides, dans les prairies. Elle est bien reconnaissable à sa couleur variant de l'orangé clair au brun foncé, parfois avec les côtés de nuance différente et généralement plus pâle ; à la teinte noire des tentacules et des linéoles qui ornent transversalement les bords du plan locomoteur. —Taille de 10-13 cent.

Une variété considérée par quelques auteurs comme une espèce distincte (le Limax ater L. *loc. cit.*) se rencontre quelquefois avec le type dont elle n'est guère qu'une forme unicolore et plus rembrunie.

Dans quelques localités (surtout vers la Loire-Inf.) on fait avec l'*A. rufus* une tisane pectorale et béchique en saupoudrant de sucre râpé, dans un vase, l'animal frais, pour en absorber abondamment le mucus adoucissant.

2. **A. albus** Fér. *Hist. moll.* 1819, p. 64. Moq.-Tand. t. II, p. 12. Est-ce une variété albine ou semi-albine de l'*A. rufus* ou est-elle une espèce bien distincte par sa coloration blanche et l'absence des linéoles noires au bord du plan locomoteur ? (Fér.). Elle a été signalée dans le Finistère par M. Collard des Cherres et, plus près de nous, dans la Mayenne. Nous ne l'avons jamais rencontrée dans l'Ille-et-Vilaine.

3. **A. subfuscus** Fér. *Hist. moll.* p. 96. Moq.-Tand. t. II, p. 13. *Limax* Drap. *H. moll.* p. 125. — Moins grand que l'*A. rufus ;* (10 cent. au plus); tête rayée de noir ; pied gris bordé de jaune ; orifice respiratoire placé presque au milieu de la cuirasse, par conséquent bien plus en arrière que dans les deux espèces précédentes. — Hab. comme l'*A. rufus*, mais beaucoup moins répandu : Redon ! Dinard, Paramé (Bourguignat).

B. Grains calcaires réunis de façon à former sous la cuirasse une limacelle imparfaite (PROLEPIS Moq.-Tand.).

4. **A. fuscus** Mull. *Verm. hist.*, t. II, 1774, p. 11 ; Moq.-Tand. t. II, p. 14. *A. Hortensis* Fér. *H. moll.* p. 65. — Animal noir ou gris foncé ; plan locomoteur à bords orangés ; tentacules gris ; taille de 0m,025-0m,040 millimètres. — Jardins, vergers. — Redon ! Bains ! Pléchâtel ! etc ; commun dans ces localités. — Indiqué autour de nous dans la Loire-Inf. (Caillaud), le Morbihan (Taslé), les Côtes-du-Nord (Mabille), etc...

Var. *fuscatus* N. (*A. fuscatus* Fér. *H. moll.* 1819, p. 65) ne diffère du type que par la coloration et l'absence de la teinte orangée qui borde le plan locomoteur. — Plus rare.

5. **A. flavus** Mull. *Verm. hist.*, t. II, 1774, p. 10. — Fér. *H. moll.*, p. 96. — Moq.-Tand. t. II, p. 16. — Plus petit que le précédent (0m,015-0m,020 millimètres) ; jaunâtre ; tentacules noirâtres. — Recueilli et indiqué (avec doute, il est vrai) sur nos limites, à Larmor près Vannes, et la Tour d'Elven, par M. Taslé, dans son savant ouvrage sur les mollusques Morbihannais (p. 51).

Genre II. **GEOMALACUS Allm.** in *Ann. and mag. nat. hist.* vol. XVII. — Mab. *Arch. malac.* 1867, Fasc. 1.

Animal : corps allongé, lisse, ou plus ou moins tuberculeux, mais toujours moucheté d'une infinité de petits points dorés, noirs, blancs, etc ; orifice respiratoire s'ouvrant en avant de la cuirasse ; orifice générateur placé entre le bouclier et la base du petit tentacule droit ; une glande mucipare caudale. — Coquille rudimentaire, intérieure (*Limacelle*) très-plate, et placée sous la cuirasse.

Ce genre, peu connu encore en France et que longtemps

on a cru particulier aux Iles Britanniques, établit la transition entre les Arions et les Limaces. Ses espèces ne se montrent qu'en hiver à la surface du sol : la seule qui ait été recueillie à notre connaissance en Bretagne est le *G. maculosus* Allm.

6. **G. maculosus** Allm. Mab. *loc. cit.* — Corps cylindriforme, atténué postérieurement, parsemé, sur un fond noir ou noirâtre, d'une quantité de petits points jaunes ou blancs ; tubercules dorsaux allongés. — Taille : 0^m,030-0^m,040 millimètres.

Trouvé (un seul individu) sous les feuilles mortes dans l'avenue de Conlo près Vannes (Morbihan) par M. Taslé, le 6 février 1868.

Genre III. **LIMAX L.** *Syst. nat.* édit. x, 1758, t. I, p. 652.

Animal : atténué aux deux extrémités ; mâchoire sans côtes ni dents, plus ou moins rostriforme ; orifice pulmonaire situé en arrière de la . cuirasse, orifice générateur derrière le grand tentacule droit ; queue n'offrant point de glande mucipare. — Coquille rudimentaire, intérieure (*limacelle*) placée dans l'épaisseur de la cuirasse.

A. Cuirasse chagrinée (AMALIA Moq.-Tand.).

7. **L. gagates** Drap. *Tab. moll.* 1801, p. 100. Moq.-Tand. t. II. p. 19. — Animal noirâtre, sans bandes marginales ; cuirasse gibbeuse, double, presque bilobée, bordée d'un sillon bien distinct. Taille de 0^m,015-0^m,020 millimètres, — Lieux humides, jardins, sous les pierres. Redon ! (quelques individus) ; La Roche-Bernard ! — Morbihan : toute la zone maritime ! (Taslé) ; Loire-Inf. : Clisson, etc., peu répandu (Cailliaud)... R.

8. **L. Sowerbyi** Fér. *Hist. moll.* p. 96. — Ne diffère guères de l'espèce précédente que par son corps « jau-

nâtre, tacheté par un réseau brunâtre » Fér. *loc. cit.* — même hab. Vannes (Taslé).

9. **L. affinis** Mill. *Mém. soc. agr. d'Angers* 1843, p. 1. *L. Marginatus* var. *rusticus* Moq.-Tand. t. II, p. 21. — Cuirasse simple, non gibbeuse, marginée, avec deux bandes bien distinctes. — Même hab. Indiqué dans un de nos départements limitrophes, celui du Maine-et-Loire par M. Millet.

B. Cuirasse non chagrinée, mais ornée de stries concentriques (**EULIMAX** Moq.-Tand. **LIMAX** Gray.)

+ *Stries de la cuirasse formant un seul ordre concentrique.*

10. **L. agrestis** L. *Syst. nat.* éd. X. 1758. t. I, p. 652. Animal : de coloration très-variable, cendré, roussâtre, ou même jaunâtre, unicolore ou tacheté de noirâtre, surtout sur la cuirasse où les stries sont peu marquées ; orifice pulmonaire petit, bordé de blanc ; dos caréné ; mucus d'un beau blanc ; limacelle oblique (Brard). — Taille $0^m,032$-$0^m,050$ millimètres. — Cette espèce (vulgairement *loche grise*) partout très-vorace et trop commune est celle qui fait tant de dégâts dans nos cultures.

Le L. *sylvaticus* Drap. *Hist. moll.* 1805, p. 126, qu'on rencontre avec le type, n'est qu'une variété de cette espèce (Moq.-Tand) généralement plus grande et d'un brun violacé.

11. **L. arborum** Bouch.-Chant. *Moll. Pas-de-Calais*, 1838, p. 29. — Moq.-Tand. t. II, p. 24. — Animal gélatineux, verdâtre ou grisâtre, ordinairement maculé de taches plus pâles, orné, sur le bord de la cuirasse, de deux bandes foncées bien distinctes ; orifice respiratoire très-petit, bordé de noir ; cuirasse terminée en arrière par une pointe mousse (limacelle linguliforme) ; mucus incolore. — Taille de $0^m,095$-$0^m,110$ millimètres. — Observé une seule fois à la Courbure près Dinan (Mabille).

12. **L. variegatus** Drap. *Tab. moll.* 1801, p. 3. — *Gass. Moll. de l'Agen.* p. 61. — Animal gélatineux, roussâtre ou jaunâtre, marqué de linéoles brunes irrégulières; sur le dos une ligne médiane jaune ; orifice pulmonaire largement ouvert ; dos à peine caréné postérieurement; stries de la cuirasse très-marquées ; mucus d'un jaune foncé, tachant le linge (Brard). — Taille de 0^m,095-0^m,120 millimètres. — Dans la Loire-Inf. (Caillaud). Dans le Morb. à Grand-Champ, Vannes (Taslé). — Nous ne l'avons pas encore rencontré dans l'Ille-et-Vilaine.

Obs. — Nous ne connaissons pas le *L. Companyoi.* Bourg. indiqué à Vannes (Taslé, *Cat.* p. 51) dont le bouclier « est fortement rostré en arrière, tandis qu'il est arrondi à ses deux extrémités dans le *L. variegatus* » (Taslé, *loc. cit.*).

++ *Stries de la cuirasse présentant une double disposition concentrique.*

13. **L. maximus** L. *Syst. nat.* éd. x, 1758, t. I, p. 652. *L. cinereus* Mull. *Verm. hist.* t. II, 1774, p. 5. *L. Antiquorum* Fér. *Hist. moll.* 1819, p. 68. — Animal très-grand, très-allongé, caréné postérieurement, d'un gris plus ou moins foncé, orné sur la cuirasse de taches irrégulières et, en arrière du bouclier, de bandes interrompues. — Très-nombreuses variétés de coloration. — Taille de 0^m,12-0^m,17 centimètres et pouvant même atteindre 0^m,20 cent. — Sous les pierres, dans les lieux humides, les caves. — AC. aux environs de Redon ! Bains ! — Dans le nord du département, un seul individu recueilli dans des bois de construction sur la route de St-Malo à St-Servan (Bourg). — Dinan, Lehon, Jugon dans les Côtes-du-Nord (Mabille). — Tout le Morbihan (Taslé). — Elle n'est pas commune dans la Loire-Inf. (Caill.).

C'est la plus grande et la plus belle limace de France ; dans son plus grand développement, elle ressemble, dit Gassies, à un petit serpent.

GENRE IV. **TESTACELLA Cuv.** *Tab.* v. 1800, in *Anat. comp.*

Animal atténué en avant seulement, et renflé en arrière ; mâchoire 0 ; cuirasse 0 ; orifice respiratoire placé en arrière, sous la coquille. — Coquille rudimentaire, extérieure, à ouverture très-large, à spire presque nulle, dextre et rappelant dans sa forme générale la coquille des Haliotides marines.

14. **T. haliotidea** Drap. *Tab. moll.* 1801, p. 99. *Testacellus* Faure-Big. *Bull. soc. phil.* — Animal roussâtre ou grisâtre, très-aminci antérieurement, long de 0^m,04-0^m,07 cent., large de 0^m,01-0^m,02 centimètres.— Coquille auriforme, à ouverture très-grande, ovalaire, en forme de cuiller (Fér.) haute de 8 à 10 millimètres, large de 4 à 6 millimètres. — Jardins de Redon où ce mollusque est peut-être moins rare que difficile à recueillir ; nocturne, il s'enfonce parfois à de grandes profondeurs dans la terre où il poursuit les lombrics.

Obs. — Nous ne distinguons pas bien du *T. haliotidea* Drap. le *T. bisulcata* Dup. indiqué à Vannes et Auray (Morbihan) par M. Bourguignat. Notre savant et regretté compatriote M. Cailliaud, pensait que cette espèce méridionale n'existe pas dans nos contrées (*Cat. des rad. cirrhip.* etc., p. 207).

Quant au *T. Maugei* Fér. (*Hist. moll.* p. 94) originaire de Ténériffe et découvert à Roguédas (Morb.). par M. Bourguignat et aux Cléons (Loire-Inf.) par M. Chaillou, nous ne l'avons pas rencontré dans l'Ille-et-Vilaine. On le distinguera facilement du *T. haliotidea* à ses tentacules plus effilés ; aux bords du plan locomoteur qui sont généralement teintés d'orangé ; enfin à son test plus allongé relativement et moins largement ouvert que dans l'espèce que nous citons.

Fam. II. HELICIDÆ Gray, Ann. phil. 1824, p. 107. (COLIMACÉS Moq.-Tand. t. II, p. 42).

Animal : corps avec tortillon spiral et pied distinct ; le plus ordinairement quatre tentacules rétractiles (deux seulement dans le genre *Vertigo* par l'atrophie des deux tentacules inférieurs), les deux supérieurs oculifères, au côté extérieur de leurs sommets ; organes gérérateurs, à orifice commun. — Coquille développée, spirale, variant quant à la forme, déprimée, globuleuse, ovoïde, turriculée, etc.

Genre V. **VITRINA Drap.** *Tab. moll.* 1801, p. 33. — HELICOLIMAX (*part.*) Férussac père *Exp. syst. conch.*, in *Mém. soc. méd. émul.* Paris, 1801, p. 390.

Animal allongé, limaciforme ; collier charnu épais, formant une sorte de demi-cuirasse qui peut protéger la tête et qui porte en arrière, du côté droit, un appendice spatuliforme (*balancier*) susceptible de recouvrir en tout ou partie la coquille et toujours en mouvement quand l'animal est en marche ; mâchoire à bord rostriforme sans côtes antérieures ni dents marginales. — Coquille dextre, mince, fragile, pellucide, non ombiliquée ne pouvant enfermer qu'incomplètement l'animal ; spire très-courte, à dernier tour très-grand ; ouverture très-grande, ovalaire, sans dents, à péristome tranchant, désuni, à bord gauche arqué.

Les *Vitrines* vivent dans les endroits humides, sous les feuilles, au pied des murs. Par leur coquille insuffisante pour les recouvrir en totalité, elles forment la transition entre les Limaces et les Hélices.

15. **V. major** C. Pfeif. *Deutschl. moll.* t. I, p. 47 (note) 1821. — *Helicolimax* Fér. père *Essai méth. conch.*, p. 48. 1807. — Animal gros, noirâtre. Coquille subglobuleuse déprimée ; trois tours de spire à sommet aplati ; ouverture atteignant presque les deux tiers du grand diamètre. — Haut. 3-6 mill.; diam. 6-8 mill. — Environs de Rennes! Vallée de la Rance (Bourguignat); Morb. Tour d'Elven ! (Taslé) R.

16. **V. pellucida** Mull. *Verm. hist.* t. II, p. 15. Moq.-Tand. *Hist. moll.* t. II, p. 52. — Animal plus grêle que le précédent, plus pâle, presque transparent. — Coquille plus petite, plus mince, plus fragile, moins déprimée ; trois et demi à quatre tours de spire à sommet mamelonné ; ouverture dépassant à peine la moitié du grand diamètre. Haut. 2-3 mill.; diam. 3-5 mill. — A C. — Rennes, Redon, Vitré, etc.

Genre VI. **SUCCINEA Drap.** *Tab. moll.* p. 32, 1801 (vulg. AMBRETTE).

Animal épais, héliciforme ; collier mince ne formant ni demi-cuirasse, ni balancier ; mâchoire à bord rostriforme, sans côtes antérieures ni dents marginales. — Coquille dextre, mince, fragile, pellucide, non ombiliquée, ne pouvant qu'à peine enfermer complètement l'animal, ovale-oblongue, ou ovoïde ; spire courte, ou médiocre ; ouverture très-grande sans dents, plus longue que large, à péristome tranchant, désuni.

Les *Ambrettes* ont été longtemps considérées comme amphibies ; elles peuvent se servir de leur pied pour traverser en nageant les ruisseaux, les douves des marais. C'est dans les lieux humides, les oseraies, sur les arbustes, sur les herbes qu'elles habitent de préférence.

A. Ouverture formant les deux tiers de la hauteur totale de la coquille.

17. **S. putris** (*Helix*) Lin. *Syst. nat.* éd. x, I, p. 774, 1758. — *Neritostoma vetula* Klein. *Méth. ostr.* p. 55, 1753. — Animal grand, épais, gris ou roussâtre. — Coquille ovale-oblongue, finement striée, fragile, ambrée, presque transparente; 2-3 tours de spire, le dernier énorme ; suture superficielle; columelle peu ou point tordue; sommet un peu obtus ; angle supérieur de l'ouverture médiocrement marqué. — Haut. 15 à 22 mill.; diam. 10 à 12 mill. sur les herbes bordant l'Oult dans les marais de Bonnarz, dans les oseraies de la Grand'Houssaye, etc. en Redon ! Paramé, Vallée de la Rance (Mabille); Loire-Inf. CC (Cailliaud).

18. **S. Pfeifferi** Rossm. *Iconog.* t. I, p. 92, 1835. Diffère du *S. putris*, l'animal : par sa taille plus petite et sa coloration moins foncée ; la coquille : par sa taille plus petite, sa forme plus allongée, ses sutures plus marquées, sa columelle bien plus tordue et son sommet plus pointu. — Haut. 8 à 14 mill.; diam. 5 à 9 mill. Plus C. que le précédent par localités : Environs de Redon ! Langon ! commun sur le bord des mares en allant de Paramé à Cancale ! (Bourguignat). Fort rare Vallée de la Rance (Mabille).

Le *S. debilis* Pfeif. indiqué dans le Morbihan à Vannes par M. Taslé n'est suivant quelques auteurs qu'une forme intermédiaire entre les deux espèces précédentes.

B. Ouverture dépassant à peine la moitié de la hauteur totale de la coquille.

19. **S. oblonga** Drap. *Tab. moll.* p. 56, 1801. — Animal grisâtre, plus pâle en dessous, à tentacules grêles. — Coquille allongée, finement striée, ambrée ; spire fortement tordue, à sommet pointu ; sutures assez profondes; ouverture ovale à angle supérieur aigu. Haut. 6 à 8 mill.;

diam. 3 à 5 mill. — Çà et là. Vallée de la Vilaine! Fort rare vallée de la Rance (Mabille). — Morbihan Quiberon (Taslé). — Loire-Inf. Chantenay, etc. (Cailliaud) R.

20. **S. arenaria** Bouch.-Chant. *Moll. Pas de Calais* p. 54, 1838. Moq.-Tand. *Hist. moll.* t. II, p. 62, 1855. — Animal noirâtre, unicolore. — Coquille ambrée, ovale, un peu ventrue. Spire à peine tordue, à sommet peu pointu; sutures très-profondes; ouverture ovale arrondie, à angle supérieur à peine indiqué. Haut. 5 à 7 mill.; diam. 4 à 6 mill. — Vallée de la Rance avec le *S. oblonga* et aussi rare (Mabille); Loire-Inf.: Chantenay! etc. (Cailliaud) R R.

GENRE VII. **ZONITES Montf.** *Conch. syst.* t. II, p. 283, 1810.

Car. du genre HELIX. — Animal allongé, sans demi-cuirasse, ni balancier; mâchoire à bord plus ou moins rostriforme sans côtes antérieures ni dents marginales. — Coquille mince, fragile, ombiliquée (ici), pouvant enfermer complètement l'animal, subdéprimée, rarement globuleuse ou conique; ouverture médiocre ou petite; péristome tranchant, désuni, ni bordé, ni réfléchi.

I. *Coquille conoïde; stries longitudinales à peine sensibles* (CONULUS Moq.-Tand.).

21. **Z. fulvus** (*Helix*) Mull. *Verm. hist.* II, p. 56. 1774. — *Conulus* Fitz. *Syst. Verzeich.* p. 94, 1833. — Animal noirâtre, grêle, atténué aux deux extrémités; orifice pulmonaire bordé de noir. — Coquille trochiforme, cornée, fauve, luisante; cinq à six tours de spire croissant graduellement. Haut. 2 à 2, 5 mill.; diam. 2 à 3 mill. — Hab. sous la mousse, au pied des arbres, dans les chemins creux. R.

II. *Coquille déprimée, plus ou moins striée longitudinalement.* (Hyalina Gray).

A. Coquille cristalline, incolore.

22. **Z. crystallinus** (*Helix*) Mull. *Verm hist.* II, p. 23, 1774. — Animal blanchâtre, tentacules d'un gris bleuâtre. — Coquille déprimée, mince, hyaline, translucide ; cinq tours de spire gradués ; sutures assez marquées ; ombilic petit, mais bien visible. Haut. : 1 mill. ; diam.: 2-3 mill. — Lieux humides. Redon, à Coëtdilo ! St-Nicolas! etc. Paramé, Dinan, Jugon (Mabille) ; Loire-Inf. peu répandu (Cailliaud).

23. **Z. diaphanus** Stud. *Kurz. verzeich.* p. 86 (non Poiret); Moq.-Tand. *Hist. moll.* t. II, p. 90. — On le distinguera du *Z. Crystallinus* par son péristome plus épaissi, ses sutures plus marquées, et surtout par l'absence de l'ombilic que remplace seule une légère dépression. — Indiqué par M. Macé dans la Manche à Valognes, etc. — Nous ne l'avons pas trouvé dans l'Ille-et-Vilaine.

B. Coquille colorée, verdâtre, ou d'un corné fauve.

1. *Diamètre de la coquille n'atteignant pas 5 millimètres.*

24. **Z. radiatulus** Ald. *Cat.* p. 12, 1830. *Z. striatulus* Gray, *Nat. arr. moll.* in *Med. repos.* xv, p. 239, 1821. — Animal noirâtre, à tentacules encore plus foncés. — Coquille déprimée, très-brillante, d'un corné fauve, plus pâle en dessous, bien striée ; ombilic large. Haut. 1 à 2 mill.; diam. 3, 5 à 4, 5 mill. — Hab. sous les bois, les pierres, au pied des murs. — Environs de Redon ! de Dinan où il est assez R. (Mabille), de Vannes (Taslé), de Nantes (Cailliaud).

25. **Z. purus** Ald. *Cat.* p. 12, 1830. *Z. nitidosus* Fér., *Tabl. syst.* 1822, Beck. *Ind. moll.* 1837. — Taille du précédent ; animal grisâtre, tentacules bruns ou roussâtres. Stries de la coquille presque effacées. Même hab. Esp. bien voisine du *Z. radiatulus* dont elle semble n'être guères qu'une transformation. — La Courbure p. Dinan (Mabille). — R R.

2. *Diamètre de la coquille dépassant* 5 *mill.*

a. Coquille de la même couleur dessous que dessus

26. **Z. nitidus** Mull. *Verm. hist.* II, p. 32, 1774. Moq.-Tand. *Hist. moll.* II, p. 72, 1855. — Animal d'un noir d'encre ; tentacules supérieurs, longs, grèles, peu oculés. Coquille déprimée, ambrée, ou roussâtre, largement ombiliquée. Haut. 2 à 3 mill. ; diam. 3 à 4 mill. Hab. sous l'herbe, les mousses humides. Redon à Botcudon ! Vial ! etc.

b. Coquille ambrée, cornée ou roussâtre, en dessus, avec le dessous d'un blanc laiteux.

+ *Tours de spire gradués, croissant progressivement.*

27. **Z. cellarius** (*Helix*) Mull. *Verm. hist.* II, p. 38. 1774. — Moq.-Tand. *Hist. moll.* II, p. 78. 1855. Animal bleuâtre. Coquille finement striée, médiocrement ombiliquée ; 5-6 tours de spire ; ouverture peu oblique, ovale-arrondie ; péristome à bords écartés. Haut. 4 à 5 mill. ; diam. 11 à 15 mill. — Hab. avec ses congénères. Moins C que le suivant.

28. **Z. subglaber** Bourg. *Malac. bret.* p. 47, pl. I fig, 14-16, — Animal grisâtre. Coquille assez largement ombiliquée; 5 à 6 tours de spire, ouverture oblique, oblongue : pé-

ristome à bords écartés. Diam. du précéd., mais haut. un peu plus grande. — Même hab. A C aux env. de Redon! Rennes ! vallée de la Rance (Mabille); tout le Morbihan (Taslé).

29. **Z. alliarius** Mill. *List. shells* in *Ann. phil.* VII, p. 379, 1822. Moq.,-Tand. *Hist. moll.* II, p. 83, 1855. — Animal noir. 4 tours de spire à la coquille. Péristone à bords rapprochés. Haut. 5 mill.; diam. 10-13 mill. Même hab. Vitré ! Vallée de la Rance (Bourguignat) ; Morb. Tour d'Elven ! (Taslé). — Odeur alliacée bien plus prononcée que chez ses congénères.

30. **Z. nitidulus** (*Helix*) Drap. *Hist. moll.* p. 117, 1805. — Animal gris de perle tacheté de points noirs et blancs (Drap.). 4-5 tours de spire à la coquille ; ombilic assez large ; ouverture ovalaire, oblique ; péristome à bords écartés. Haut. 5 mill.; diam. 8 à 10 mill. Même hab. A C, mais souvent confondu avec les esp. voisines.

++ ***Spire à tours non gradués, le dernier se dilatant sensiblement vers l'ouverture.***

31. **Z. lucidus** (*Helix.*). Drap. *Tabl. moll.* p. 96, 1801. — Animal brun, atténué postérieurement, à tentacules peu oculés. Coquille déprimée, brillante ; 6 à 7 tours de spire ; péristome à bords très-écartés. Haut. 8 à 10 mill.; diam. 14 à 16 mill. — Même hab. — A C. — St-Servan, St-Jouan des Genets, paraît rare (Bourg.) ; très-répandue (Mab.). — Se retrouve aussi dans les départements limitrophes !

Obs. M. Bourguignat (*Mal. bret.*) signale de cette espèce une Var. *Minor*, à test plus fragile, que nous n'avons pas rencontrée, mais qui, d'après le savant malacologiste cité, existerait « à Cancale, le long des falaises qui conduisent à l'île de Rimains.»

32. **Z. nitens** Gmel. *Syst. nat.* p. 3633, 1788. — Mi-

comp. pl. xv. — Plus petit que le précédent : animal brun, à tentacules courts, peu oculés ; 4 à 5 tours de spire à la coquille ; péristome à bords peu écartés. — Même hab. Vallée de la Rance (Bourg.) ; env. de Nantes (Caill.), de Vannes (Taslé).

Genre viii. **HELIX** (*Part.*) Lin. *Syst. nat.* éd. x. i, p. 768. 1758. Moq.-Tand. *Hist. moll.* ii, p. 94, 1855.

Animal plus ou moins allongé, à tortillon très développé ; quatre tentacules allongés, les deux supérieurs plus longs, oculifères ; mâchoire présentant (comme dans le G. *Arion*) des côtes antérieures et des denticules marginales ; pied plus ou moins ovale ou allongé. Coquille, ordinairement dextre, globuleuse, subdéprimée ou aplatie, plus rarement planorbique ; spire généralement très-courte ; ouverture oblique à columelle torse, à péristome souvent bordé ou réfléchi.

A. Coquille planorbique (spire enroulée sur le même plan, à sommet concave).

I. *Ouverture anguleuse, subtrigone, obscurément bidentée.* (Trigonostoma Fitz. *Syst. Verzeichn* p. 97, 1833).

33. **H. obvoluta** Mull. *Verm. hist.* ii, p. 27. 1774. — Animal brunâtre, à tentacules un peu plus clairs, allongés, non transparents. — Coquille brunâtre ou cornée, unicolore, striée, poilue, largement ombiliquée ; 6-7 tours de spire gradués, non carénés, à sutures bien marquées : péristome réfléchi, bordé de blanc roussâtre. — Haut. 6 mill. ; diam. 10-15 mill. — Hab. sous les pierres, dans les ruines. Dinan, vieux château de Lehon (Mabille).

II. *Ouverture arrondie, semi-lunaire* (Campylæa Beck. *Ind. moll.* p. 24. 1837).

34. **H. Quimperiana** Fér. *Hist. moll.* I, p. 15. — *H. Kermorvani* Coll. des Cherres. *Moll. Finist.* in *Bull. soc. linn. Bord.* IV, p. 98, 1830. — Animal roussâtre, à tentacules grisâtres, allongés, transparents. — Coquille cornée, striée, glabre, unicolore, ou entourée à des distances inégales d'anneaux blanchâtres (restes d'anciens péristomes Fér.), largement ombiliquée ; 5-6 tours de spire, croissant rapidement, non carenés, à sutures bien marquées; péristome réfléchi, bordé de blanc ou de rosé. Haut. 10-12 mill.; diam. 18-28 mill. Morb. la Tour d'Elven ! (Taslé).

B. Coquille aplatie (sommet de la spire plan ou un peu convexe).

I. *Dernier tour à carène 0 ou très-obtuse.*

+ *Diamètre de la coquille dépassant* 10 *mill.;* (**CHILOSTOMA** (Fitz. *Syst. Verzeichn.* p. 98, 1833.

35. **H. cornea** Drap. *Tabl. moll.* p. 89, 1801. — Animal grêle, à tentacules allongés, minces, peu oculés. — Coquille ombiliquée, striée, glabre, presque transparente, cornée, unicolore ou fasciée d'une bande brune sur le dernier tour ; 5-6 tours de spire à sutures peu profondes; ouverture ovale-arrondie ; péristome bordé, à bords rapprochés, convergents. Haut. 7 mill.; diam. 11 à 15 mill. — Hab. de préférence sous les pierres, les murs des terrains calcaires. Indiquée dans le Finistère (Collard des Cherres), dans le Maine-et-Loire (Millet), etc.

++ *Diamètre de la coquille n'atteignant pas 10 mill.*

a. Ouverture parfaitement ronde à péristome bordé, épaissi. (ZURAMA Leach, *Brit. moll.* p, 10?, 1831).

36. **H. pulchella** Mull. *Verm. hist.* II, p. 30, 1774. Moq.-Tand. *Hist. moll.* II, p. 140 (excl. Var. A). — Animal grisâtre, proportionnellement très-petit, à tentacules transparents. — Coquille lisse, ombiliquée, grisâtre ou blanchâtre, unicolore ; péristome continu, épaissi, réfléchi, blanc. Haut. 1 mill.; diam. 1-3 mill. — Hab. sous les pierres. Rieux p. Redon ! St-Servan, Dinard ! St-Malo (Mab.) ; Dinan (Bourg.), etc. P C.

37. **H. costata** Mull. *Verm. hist.* II, p. 31. 1774. *H. pulchella* Var. a *costata* Moq.-Tand. *Hist. moll.* II, p. 140. — Ne diffère du précéd. (auquel beaucoup d'auteurs le rattachent comme simple variété), que par le péristome un peu moins épaissi et surtout les côtes lamelleuses qui ornent élégamment cette petite coquille. — Avec le précéd.

b. Ouverture ovalaire à péristome mince, non bordé. (EYRYOMPHALA Beck. *Ind. moll.*, p. 9. 1837.

38. **H. pygmæa** Drap. *Tabl. moll.* p. 93. 1801. Coquille lisse, glabre, fragile, fauve, unicolore, ombiliquée ; 3 1/2-4 tours de spire. Haut. $0^{mm},5$. Diam. à peine 1 mill.; Au pied des murs, sous les mousses, les feuilles, les petites pierres. — Beaurepaire et Bahurel p. Redon ! La Courbure p. Dinan (Mab.). Morb. : env. de Vannes (R. P. Heude) ; Loire-Inf. : Nantes, Clisson ! (Caill.) ; Savenay ! — R et bien difficile à recueillir.

Obs. — M. Bourguignat (*Moll. nouv. et litig.* IIe *déc.*), a créé aux dépens de l'*H. pygmæa* plusieurs espèces nouvelles, qu'il divise en deux sections, celles dont la coquille est tout-à-fait lisse, et celles dont le dernier tour de spire est entouré de petites côtes lamelleuses. Parmi ces dernières, il indique à Angers, sur la foi de M. Letourneux de la Péraudière, son *H. elachia.* Nous n'avons jamais rencontré dans nos recherches que l'*H. pygmæa* type, et c'est lui que nous signalons ici.

39. **H. rotundata** Mull. *Verm. hist.* II, p. 29. 1774. Coquille glabre, solide, brunâtre, maculée de taches ferrugineuses régulières, largement ombiliquée ; 6 tours de spire. Haut. 2 à 3 mill. ; Diam. 7 à 8 mill. ; — Sous les pierres, les décombres, les feuilles, C C.

II. *Dernier tour à carène très-aigue.* (CHILOTREMA Leach, *Brit. moll.* p. 106. 1831).

40. **H. lapicida** Lin. *Syst. nat.* éd. x. t. I. p. 768. 1758. — Animal brunâtre, à tentacules très-longs, peu oculés. — Coquille brune, flammée de roux, plus pâle en dessous, parfois unicolore, ombiliquée ; 5-6 tours de spire à sutures superficielles, le dernier présentant une carène médiane, aigue, blanchâtre ; péristome blanc, continu, réfléchi. Haut. 6 à 8 mill.; diam. 15 à 18 mill. Sous les pierres, les décombres. Vitré ! Dinan, Coatquen, Yrignac (Mab.). — Morb. Tour d'Elven ! etc... (Taslé); Loire-Inf.: Campbon ! ; Mauves, etc. (Caill.). — R.

C. Coquille subdéprimée.

I. *Coquille perforée.*

+ *Coquille glabre; péristome non bordé d'un bourrelet intérieur.*

41. **H. fusca** Mont. *Test. brit.* p. 424, 1803. *H. corrugata* Gray, *Nat. arr. moll.* in *Med. rep.* xv. p. 239, 1821. — Animal violacé, à tentacules plus foncés, bien oculés. — Coquille très-mince, glâbre, très-luisante, d'un brun

verdâtre ; columelle un peu calleuse, réfléchie sur l'ombilic. Haut. 4-5 mill.; diam. 7-9 mill. — Dans les bois. — Bois du Chêne-Ferron dans les Côtes-du-Nord (Mab.). C. aux env. de Nantes (Caill.). — R R.

M. Mabille (*Journ. conch.* XIV. 1866), signale avec le type une Var. *Major* « subglobuleuse, plus grande, à ombilic plus ouvert. » — Nous ne l'avons pas recueillie.

Obs. — On peut rattacher à ce groupe l'*H. cintella* Drap. *Tab. moll.* p. 87. 1801., indiquée dans le département du Maine-et-Loire par Millet, et reconnaissable à sa forme un peu conoïde, bombée en dessous, cornée, avec une fascie blanche sur le dernier tour qui présente aussi une carène médiane aigue. Haut.: 5-7 mill.; diam. 10-12 mill.

++ *Coquille velue ; péristome bordé ou non d'un bourrelet intérieur.*

42. **H. plebeia** Drap. *Hist. moll.* p. 105. 1805. — Animal.... — Coquille subglobuleuse, mince, transparente, cornée, fasciée de blanc sur le dernier tour ; carène 0 ou excessivement obtuse ; péristome bordé de blanc roussâtre. Haut. 6-8 mill. — Diam. 10 mill. environ. Loire-Inf. Campbon ! Nantes, etc (Caill.). — R R.

Obs. — M. Bourguignat (*Malac. bret.* p. 97). décrit comme appartenant au département du Finistère une espèce nouvelle l'*H. psaturochæta* qu'il a trouvée communément à Morlaix, mais, qu'il n'a pu recueillir ailleurs. Nous ne connaissons, pas cette espèce.

+++ *Coquille glabre; péristome bordé d'un bourrelet intérieur.*

43. **H. carthusiana** Mull. *Verm. hist.* II. p. 15. 1775. *H. carthusianella* Drap. *Tabl. moll.* p. 86. 1801. — Animal grisâtre, parfois maculé de brun sur le dessus, à

tentacules plus foncés, longs, grêles. — Coquille un peu cornée, ou d'un blanc laiteux, unicolore ; 6-7 tours de spire assez convexes, à sommet mamelonné ; ouverture semi-lunaire, plus large que haute ; péristome bordé d'un double bourrelet, l'intérieur blanchâtre, le marginal brun. Haut. 8-10 mill.; diam. 12-20 mill. — Vit dans les prairies, sur les buissons. — Redon ! St-Juvat (Mab.); Morb. Rieux ! (Sacher), la Roche-Bernard ! etc. (Taslé); Loire-Inf.: St-Gildas ! Campbon ! etc. Cette jolie espèce est rarement abondante dans toutes les localités citées.

M. Taslé signale à Rumor p. Vannes la Var. *Minor* (*H. rufilabris* Jeff. ol.) de cette espèce.

II. *Coquille ombiliquée.*

a. Coquille transparente, le plus souvent cornée. (ZENOBIA Moq-Tand. *Hist. moll.* II, p. 201.)

+ *Coquille glabre.*

44. **H. rufescens** Penn. *Brit. zool.* IV, p. 134. 1777. — Beaucoup plus petit que l'*H. carthusiana*. Coquille cornée ou roussâtre, largement ombiliquée, à sommet un peu déprimé ; 6-7 tours de spire, le dernier obtusément caréné et très-obscurément fascié d'une zone blanche, souvent peu distincte. Haut. 5-7 mill. ; diam. 8-10 mill. ; — Sous les pierres, aux alentours de Dinan. A R. (Bourg).

++ *Coquille velue.*

45. **H. sericea** Drap. *Tab. moll.* p. 85. 1801. (non Mull.). Coquille cornée ou brunâtre, unicolore ; 5-6 tours de spire gradués, à sommet obtus, mamelonné ; péristome interrompu, bordé d'un très-mince bourrelet blanc ; poils crochus, jaunâtres, caducs. Haut. 5-6 mill. ; diam. 7-9 mill.

— Vit sous les feuilles, les pierres, dans les endroits humides. — Vallée de la Vilaine : Rieux ! La Roche-Bernard ! etc. — Vallée de la Rance : Dinan (Mab.). — R R.

46. **H. hispida** Lin. *Syst. nat.* éd. x. I, p. 771. 1758. — Coquille plus déprimée ; 5-6 tours de spire gradués, le dernier très-obtusément caréné, et fascié d'une zone blanchâtre souvent peu distincte, à sommet obtus ; péristome interrompu, bordé d'un bourrelet roussâtre. — Poils grisâtres, caducs. Haut. 5-6 mill.; diam. 7-9 mill. — Redon ! Fougeray ! Dinard (Bourg.) etc. A C par localités.

Obs. — Sous le nom d'*H. concinna* Jeff., M. Mabille (*Cat.* p. 19, in *Journ. conch.* XIV, 1866) signale aux environs de Dinan, différentes variétés d'une même espèce. Quelques coquilles recueillies près du polygone de Rennes nous ont aussi été communiquées avec la même étiquette. Nous ne savons si toutes ces *H. concinna* appartiennent véritablement au type du savant auteur anglais ; mais elles nous semblent bien voisines de l'*H. hispida*, dont pourtant elles diffèrent par leur taille un peu plus grande, un tour de spire de plus, leur sommet plus mamelonné, blanchâtre, leur péristome plus mince, plus réfléchi sur l'ombilic qui est aussi proportionnellement un peut plus petit. — A étudier.

47. **H. ponentina** Mor. *Moll. Port.* p. 65. 1845. *H. occidentalis* Recl. *Rev. zool.* p. 311, 1845. *H. revelata* Mich. *Compl.* p. 27, 1831. — Coquille cornée, verdâtre, à sommet obtus, mamelonné ; 4-5 tours de spire croissant rapidement, le dernier proportionnellement grand ; ouverture arrondie ; péristome bordé d'un bourrelet blanc, (assez épais dans la Var. *ponentina* Mab. *Cat.* in *Journ. conch.* XIV, p. 19, 1866); poils verdâtres, très-caducs. — Haut. 4-5 mill.; diam. 6-8 mill. — Sous les pierres ou les feuilles, sur les gazons. — Redon ! Bains, à la Roche-du-Theil (M. l'abbé Leray); Cancale !, Dinan,

(Mabille), la Roche-Bernard ! (Bourg.). Derval ! Nozay (Caill.) etc. A C par localités.

48. **H. ptilota** Bourg. *Mal. bret.* p. 55, pl. I. fig. 14-16. — Voisin du précédent — Moins largement ombiliqué ; 4 tours de spire croissant rapidement, le dernier proportionnellement très-grand ; péristome non bordé. — Taille plus petite. — Route d'Auray, p. Vannes (Bourg.).

b. Coquille opaque, ordinairement blanche, souvent bicolore.

(HELICELLA Moq.-Tand. *Hist. moll.* II. p. 232).

Obs. — Dans toutes les coquiles bicolores et fasciées, on ne peut malheureusement établir comme caractère fixe la disposition des bandes ou zones qui ornent le dernier tour et parfois se continuent en dessus ; ces bandes varient en nombre, et d'ailleurs sont souvent interrompues ou réduites à des points, parfois nulles.

49. **H. candidula** Stud. *Kurz. verzeichn.* p. 87. 1820. *H. unifasciata* Moq.-Tand. *Hist. moll.* II, p. 234. 1855 — Coquille un peu convexe en dessus, à stries fines et peu sensibles, médiocrement ombiliquée, blanche, fasciée d'une zone brune sur le dernier tour ; 5-6 tours de spire gradués, le dernier obtusément caréné ; ouverture ovale, plus large que haute ; péristome interrompu, bordé intérieurement d'un bourrelet blanc, épais. — Haut. 5-6 mill.; diam. 7-8 mill. — Sur les pelouses, les talus. — St-Servan ! Paramé, St-Jouan des Guérêts, (Bourg.) ; St-Juvat (Mab.) ; la Collinière p. Nantes ! (Caill.). P C.

50. **H. fasciolata** Moq.-Tand. *Hist. moll.* II, p. 239. — *H. intersecta* Poir. Mich. *Compl.* p. 30. (non Moq.-Tand.). — Coquille un peu convexe, à stries bien marquées, médiocrement ombiliquée, grisâtre ou roussâtre, fasciée de 5 bandes brunes, parfois unicolore ; 5-6 tours de

spire le dernier subcaréné, un peu dilaté vers l'ouverture qui est ovale-arrondie ; péristome interrompu, bordé intérieurement d'un bourrelet blanc ou roussâtre. Haut. 5-8 mill.; diam. 8-12 mill. — Au bord des chemins, sous les plantes. — Redon à Galerne et Bains à la Morinaie sous des touffes d'*Iris Germanica* ! St-Servan! Cancale (Bourg) etc... P C.

51. **H. ignota** Mab. *Cat. St-Jean* in *Journ. conch.* 1864. *H. intersecta* Mich. *Compl.* p. 30. *H. striata* (part.) Drap. *Hist. moll.* p. 106. 1805. Souvent confondu avec le précédent ; s'en distingue par sa forme plus conoïde, presque trochiforme, par sa coloration plus pâle, par ses fascies interrompues, par son ouverture plus arrondie, enfin par sa taille plus petite. A C région maritime! (Mab. Taslé).

Pour les différentes variétés de cette espèce (polymorphe comme toute les espèces voisines) V. Mab. *Cat.* in *Journ. conch.* XIV, 1866.

52. **H. ericetorum** Mull. *Verm. hist.* II, p. 33. 1774. Animal grisâtre en dessus, plus pâle en dessous, à tentacules brunâtres ; orifice pulmonaire sans bordure marginale. — Coquille très-déprimée, presque plane en dessus, finement striée, grisâtre, fasciée d'une à six bandes brunes continues ou interrompues, parfois unicolore ; 5-6 tours de spire séparés par des sutures profondes et enroulés sur le même plan, tous visibles en dessous par l'ombilic qui est très-largement ouvert ; ouverture arrondie ; péristome à bords rapprochés, bordé intérieurement d'un bourrelet roux ou blanchâtre. Haut. 7-9 mill. ; diam. 15-22 mill. — C. côtes océaniques de Bretagne, ou elle vit sur les *Eryngium*, les *Ephedra*, etc. — Essentiellement variable comme taille et comme coloration.

53. **H. arenosa** Ziegl. *in* Rossm. *Icon.* VII, VIII, p. 34, n° 519. 1834. *H. ericetorum* var. *V. arenosa* Moq.-Tand. *Hist. moll.* II, p. 253. 1855. Intermédiaire entre *l'H.*

ericetorum et *l'H. cespitum :* diffère à peine du premier (surtout de la Var. *Minor* Bourg.) par sa taille plus petite, sa coquille plus globuleuse, son ombilic moins largement ouvert et ses tours de spire plus gradués. — Avec le précéd. R.

54. **H. cespitum** Drap. *Tab. moll.* p. 92, 1801. *H. ericetorum* Var. *a* Mull. *Verm. hist.* II, p. 33. 1774. — Animal grisâtre, de même couleur en dessous, à tentacules violacés ; orifice pulmonaire, bordé de brunâtre. — Coquille subglobuleuse, finement striée, grisâtre ou jaunâtre, fasciée de 1-5 bandes brunes, continues ou interrompues, parfois unicolore ; 5-6 tours de spire séparés par des sutures profondes, convexes, presque gradués, à ombilic largement ouvert, mais ne laissant voir que les premiers tours, péristome à bords un peu écartés, bordé intérieurement d'un bourrelet blanchâtre. Haut. 12-13 mill. ; diam. 16-22 mill. Région maritime océanique. RR.

55. **H. Danieli** Bourg. *Malac. bret.* p. 102. pl. I, fig. 9-11. 1860. Coquille subglobuleuse, étroitement ombiliquée ; blanche ; six tours de spire convexes, gradués ; péristome à bords assez rapprochés, bordé d'un bourrelet blanc. Haut. 7 mill. ; diam. 10 mill. — Cette espèce dont nous empruntons la description à M. Bourguignat (*Loc. cit.*), vit sur les falaises qui bordent la rade de Brest.

D. Coquille globuleuse.

I. *Coquille imperforée*

a. Diamètre de la coquille n'atteignant pas 30 mill.
(TACHEA Leach, *Brit. moll.* p. 84. 1831.

56. **H. nemoralis** Lin. *Syst. nat.* éd. X, I, p. 773. 1778. — Animal assez grand, brun ou noirâtre, édule et même très-estimé (Gassies). — Coquille globuleuse, lisse ou très-finement striée, un peu luisante, jaune, fauve,

ou, plus rarement, rosée, fasciée de 5 bandes brunes étroites, distinctes (*type*), de 6-7 bandes (var. *septemfasciata*), de 4 (v. *4-fasciata*), de 3 (v. *3-fasciata*), de 2 (v. *2-fasciata*), ou de 1 (v. *1-fasciata*), continues, ou interrompues (v. *interrupta*), parfois transparentes (v. *lurida*), plus rarement soudées toutes ou plusieurs ensemble (v. *coalita*) ou bien unicolore, jaune (v. *libellula*), fauve (v. *Petiveria*), rosée (v. *rubella*), verdâtre (v. *virescens*) ou blanchâtre (v. *albescens*), etc. 5-6 tours de spire, convexes, gradués, à sutures profondes, à sommet élevé ; ouverture subovalaire, assez échancrée par l'avant-dernier tour ; péristome d'un beau brun. Haut. 18-22 mill.; diam. 20-28 mill. — Sur les murs de jardins, dans les haies. CC.

Les variétés que l'on rencontre le plus communément ici sont (outre le type) les var. *libellula*, *Petiveria*, et *unifasciata* (colore fulvo aut luteo).

57. **H. hortensis** Mull. *Verm. hist.* II, p. 52. 1774. Souvent réunie à la précéd. dont elle ne diffère guère que par sa taille généralement plus petite (Haut. 14-20 mill.; diam. 15-22 mill.), et surtout par son péristome d'un beau blanc. Cependant les deux formes semblent, jusqu'à un certain point, s'exclure, et n'habitent pas, d'ordinaire, par quantités égales, les mêmes localités. L'*H hortensis* est d'ailleurs beaucoup plus rare ; nous l'avons rencontrée à Vitré, et très-abondamment à Savenay (Loire-Inf.). Elle offre aux collectionneurs les mêmes variétés de coloration que l'*H. nemoralis*.

b. **Diamètre de la coquille dépassant 30 mill. (CRYPTOMPHALUS Moq.-Tand. *Hist. moll.* II, p. 174. 1855).**

58. **H. aspersa** Mull. *Verm. hist.* II, p. 59. 1774. Animal très-gros, blanchâtre ou verdâtre, à mucus abondant, édule. — Coquille globuleuse, plus ou moins conoïde (var *conoïdea*) ou déprimée (var. *depressa*), ventrue, striée,

fauve ou jaunâtre, fasciée de 4 bandes brunes, souvent obscures, et flammée de zigzags jaunâtres interrompant les bandes, ou unicolore; 4-5 tours de spire, le dernier très-grand ; ouverture oblique ; péristome bordé d'un bourrelet blanc. Haut. 30-40 mill. ; diam. 32-45 mill. (vulgt. *limas, limaçon, escargot*), la seule hélice qui soit mangée en Bretagne. (1) — Vit le long des murs, des clôtures de jardins; cause dans les terres cultivées bien moins de dégâts que les limaces. CC. — Les nombreuses variétés de forme et de coloration, signalées par les auteurs, se rencontrent un peu partout avec le type.

II. *Coquille perforée.*

a. Coquille opaque (**POMATIA** Leach. *Brit. moll.* p. 89. 1831.)

59. **H. pomatia** Lin *Syst. nat.* éd. x, I, p. 771. 1758. — Animal très-grand, d'un gris verdâtre, édule, très estimé. — Coquille très-grande, solide, opaque, à stries très-apparentes, inégales, unicolore ou obscurément fasciée de bandes brunâtres que traversent des lignes roussâtres, marquant les anciennes périodes d'accroissement. 5-6 tours de spire convexes, le dernier très-grand; ombilic très-étroit, très-oblique ; ouverture arrondie ou subovalaire à péristome blanc, roussâtre. Haut. 30-45 mill.; diam. 30-45 mill. (vulgairement *escargot de vignes*). Cette espèce qui est, daus les villes, l'objet d'un important commerce, ne s'avance pas vers l'ouest au-

---

(1) Si la coquille n'est pas fermée par son épiphragme d'hiver, on fait jeûner l'animal dans un vase rempli de son, pendant une semaine ou plus. Après l'avoir jeté dans l'eau bouillante, on le retire de la coquille et on l'y remet (pour cuire sur le gril ou dans le four), entier avec du beurre et des épices, ou mieux, haché, comme la coquille S. Jacques (*Pecten maximus*), avec beurre, mie de pain, fines herbes, pointe d'ail, sel, poivre, et quelques gouttes de bonne eau-de-vie.

delà du département du Maine-et-Loire, Nous avons cherché à la naturaliser à Redon, dans les vignes de Beaumont, où nous avons lâché, en mai 1872, une vingtaine d'individus bien portants, que nous avions rapportés de Thomery p. Fontainebleau (Seine-et-Marne).

b. Coquille presque transparente. (ARIANTA LEACH. *Brit. moll.* p. 86. 1831).

60. **H. arbustorum** Lin. *Syst. nat.* éd. x, I, p. 771. 1758. — Animal grand, noirâtre en dessus, plus pâle en dessous, édule, peu estimé. — Coquille parfois plus ou moins conoïde, striée, brune, flammée de zigzags jaunes ; ombilic étroit, oblique ; péristome blanc. — Haut. 12-18 mill.; diam. 12-22. Marais, sur les plantes. Cordemais p. Savenay ! (Caill.). — R R.

III. *Coquille ombiliquée.*

A. Coquille transparente.

1. Coquille épineuse. (TROCHILUS DA COST. *Test. brit.* p. 166. 1778. — non Lin.).

61. **H. aculeata** Mull. *Verm. hist.* II, p. 81, 1774. — Animal blanchâtre, à tentacules plus foncés, très-grands. — Coquille un peu conoïde, roussâtre, ornée de lamelles longitudinales, saillantes et armées, en leur milieu, d'une épine un peu comprimée, crochue. — Haut. 1-2 mill.; diam. 1-2 mill. Sous les pierres, les feuilles. Redon ! Morb.: Rochefort-en-Terre, Vannes (Taslé); Loire-Inf. : les Cléons, etc. (Caill.); Manche : Gonneville, etc. (Macé). — La plus jolie peut être des Hélices françaises.

---

2. Coquille non épineuse. (**HYGROMANE** Moq.-Tand. *Hist. moll. II*, p. 191. 1855.)

+. *Ombilic petit; diam. de la coquille atteignant* 12-16 *mill.*

62. **H. limbata** Drap. *Hist. moll.* p. 100, 1805. — Coquille finement striée, roussâtre ou verdâtre, obscurément fasciée sur le dernier tour d'une zone blanchâtre, médiane; péristome réfléchi, bordé intérieurement d'un bourrelet blanc. Haut. 10-14 mill.; diam. 14-16 mill. — Sur les herbes, dans les haies. Loire-Inf.: Clisson! (Caill.).

++ *Ombilic large ; diam. de la coquille* 3 *mill. au plus.*

63. **H. umbilicata** Mont. *Test. brit.* p. 434. 1803. *H. rupestris* Moq.-Tand. *Hist. moll.* II, p. 192. 1855. — Petite coquille roussâtre, à péristome droit, non épaissi. Haut. 1-2 mill.; diam. 1,5-2,5 mill. — Région maritime! R.

b. Coquille opaque, ordinairement bicolore; bord columellaire de l'ouverture arqué, réfléchi sur l'ombilic. (**HELIOMANE** Moq.-Tand. *Hist. moll.* II, p. 259. 1855.)

64. **H. pisana** Mull. *Verm. hist.* II, p. 60. 1774. Animal grisâtre, à tentacules grêles, ponctués de brun, édule. — Coquille globuleuse, blanche, fasciée de zones brunes ordinairement interrompues, ou flammée de brun, rarement unicolore ; 5-6 tours de spire à sutures peu marquées, le dernier très-obtusément caréné; ombilic très-petit; péristome bordé intérieurement de rose. Haut. 15-18 mill. ; diam. 15-25 mill. — CC. toute la région maritime, sur les arbustes, les plantes, les *Eryngium*, les graminées, etc.

65. **H. variabilis** Drap. *Tabl. moll.* p. 73. 1801. — Animal brunâtre, édule. —Coquille globuleuse, plus conoïde que dans le précédent, blanche, fasciée de bandes brunes, continues ou interrompues, souvent unicolore, blanche (var. *albicans*) ou jaunâtre (var. *lutescens*) ; 5-6 tours de spire à sutures bien marquées, profondes ; ombilic médiocre ; péristome bordé intérieurement de brun. Haut. 8-18 mill. ; diam. 10-22 mill.— CC. région maritime ! — Par except. Beaumont p. Redon ! — Esp. très-variable dans sa forme et sa coloration.

66. **H. submaritima** Desmoul. *Moll. Gir. supp.* in *Bull. Soc. Linn. Bord.* p. 16. 1829. *H. variabilis* var. Moq.-Tand. *Hist. moll.* II, p. 263. 1855. A peine distinct du précédent par sa coquille à spire plus élevée, presque conique, ordinairement unicolore, blanche. — Même hab.

67. **H. lineata.** Ol. *Zool. Adriat.* p. 77. 1799. *H. maritima* Drap. *Hist. moll.* p. 85. 1805. Coquille globuleuse, conoïde, très-élevée en dessus, bombée en dessous, striée, fasciée de brun, parfois unicolore ; 6-7 tours de spire à sutures profondes ; sommet élevé, mamelonné ; ombilic très-petit ; ouverture ronde à péristome bordé intérieurement d'un bourrelet roussâtre. Haut. 8-12 mill.; diam. 7-12 mill. — Même hab. — Sur 147 individus recueillis le 20 septembre 1873, à St-Malo, nous avons compté :

var.	a.	*genuina*	. . . .	93 individus.
v.	b.	*albina*	(coquille toute blanche)	41 —
v.	c.	*simplex*	(coquille toute blanche, avec une zone sur le dernier tour). . .	6 —
v.	d.	*radiosa*	(fascies interrompues par des bandes rayonnantes)	2 —
v.	e.	*maura*	(fascies soudées entre elles)	2 —

v. f. *interrupta* (fascies interrompues et réduites à des taches) . . . . . 1 individu.

v. g. *lutescens* (coquille unicolore, jaunâtre) . . . . 2 —

Dans cette nomenclature de nos Hélices, il en est quelques-unes que nous avons omises à dessein, parce qu'elles nous semblent absolument étrangères à notre contrée, bien qu'elles y aient été accidentellement signalées. Telles sont l'*H. lenticula* Fér. indiquée dans le Finistère par Kindelan, voisine de l'*H. rotundata*, dont elle a la taille, mais dont elle diffère par sa couleur carnée, et la carène du dernier tour qui lui donne l'aspect lenticulaire et lui a valu son nom ; l'*H. elegans* Drap. (*Carocolla* Lam.) signalée dans le même département par M. Collard des Cherres (dans son catalogue apprécié par son époque et peut-être injustement dédaigné par la nôtre), jolie espèce, reconnaissable à sa forme trochoïde, à sa couleur blanche, ordinairement fasciée de brun, etc... Nous-même, dans un navire qu'on délestait au Croisic, nous avons recueilli, l'an dernier, plusieurs échantillons de l'*H. explanata* Mull. espèce méditerranéenne, blanchâtre, très-plane en dessus, carénée au haut du dernier tour, bombée et largement ombiliquée en dessous. Ce sont là des faits accidentels et isolés, et que nous nous bornons à noter en passant, comme nous signalerons, à l'occasion, les mollusques marins que les courants jettent parfois sur nos côtes ou ceux que le cours de nos rivières dépose dans leurs alluvions.

Genre IX. **COCHLICELLA Risso,** *Hist. nat. Eur. merid.* iv, p. 77. 1826.

Car. du genre HELIX. Coquille conique, turriculée; columelle presque droite.

68. **C. acuta** (*Helix*) Mull. *Verm. hist.* ii, p. 100. 1774. (non Lam.) *Bulimus* Brug. *Enc.* vi, 1, 323. 1789. — Animal grisâtre ou jaunâtre, grêle et atténué en arrière à tentacules bruns. — Coquille turriculée, striée, blanchâtre ou grisâtre, fasciée de bandes brunâtres, continues ou interrompues, parfois unicolore; ombilic petit; ouverture arrondie, plus haute que large; 8-10 tours de spire, assez convexes; péristome droit, mince, sans bourrelet intérieur. Haut. 15-18 mill.; diam. 4-6 mill. — AC sur les pelouses, les falaises de la région maritime. — Sur 31 individus recueillis à Saint-Malo, au Grand-Bé, près le tombeau de Châteaubriand, nous avons compté :

v. a. *unifasciata* (blanchâtre, 1 fascie brune sur le dernier tour). . .	13 individus	
v. b. *strigata* (striée, avec des côtes blanchâtres séparées par de petits traits bruns, obliques). .	12	—
v. c. *alba* Req. (stries oblitérées ; blanche, non fasciée)	3	—
v. d. *bizona* M. T. (stries oblitérées ; 2 fascies sur le dernier tour	2	—
v. e. *articulata* Lam. (stries bien marquées ; côtes blanchâ-		

tres, maculées de taches brunes, subquadrangulaires). . 1 individu.

GENRE X. **BULIMUS Brug**. *Enc.* VI. 1789. — Moq.-Tand. *Hist. moll.* II. p. 286. 1855.

Animal à tortillon spiral, allongé ; mâchoire à crénelures marginales, sans côtes antérieures ; quatre tentacules médiocres, les deux supérieurs plus longs, oculés ; pied étroit. — Coquille dextre, allongée, conoïde, mince, transparente, souvent épidermée; spire allongée, à dernier tour aussi grand que tous les autres réunis ; ouverture plus haute que large, subovalaire, sans dents ni lames ; columelle droite, peu ou point tronquée à la base.

69. **B. obscurus** (*Helix*) Mull. *Verm. hist.* II, p. 103. 1774. — Coquille oblongue-turriculée, finement ornée de stries longitudinales, brunâtre ; 6-7 tours de spire convexes, à sutures marquées, le dernier formant la moitié de la hauteur de la coquille ; ombilic très-petit ; ouverture ovalaire à angle supérieur peu marqué ; péristome blanc, réfléchi. Haut. 9-10 mill.; diam. 4-5 mill. — Sous les pierres, les feuilles, au pied des murs. — Redon ! St-Servan (Mab.); Dinard, St-Enogat (Bourg.), etc. AR.

70. **B. lubricus** (*Helix*) Mull. *Verm. hist.* II, p. 104. 1774. *Zua* Leach. *Brit. moll.* p. 114. 1831. — *Ferussacia* Bourg. *Fér. Alg.* in *Amén. malac.* t. I, p. 209. 1856. — *Bulimus subcylindricus* Moq.-Tand. *Hist. moll.* II, p. 304. 1855. — Coquille ovoïde-allongée, sans stries visibles, brunâtre, transparente, très-brillante ; 5-6 tours de spire convexes, à sutures superficielles, le dernier dépassant

la moitié de la haut. totale ; ouverture ovalaire, à angle supérieur aigu ; péristome bordé d'un bourrelet roussâtre, droit. Haut. 5-6 mill.; diam. 2, 5-3 mill. — Même hab. Redon ! Vitré ! St-Malo ! etc. A C.

GENRE XI. **GONODON Held.** in *Isis*, p. 918. 1837.

Car. du genre BULIMUS. Coquille senestre, ovoïde-allongée ; ouverture avec des dents.

71. **G. quadridens** (*Helix*) Mull. *Verm. hist.* II, p. 107. 1774. — *Bulimus* Brug. *Enc.* I, p. 351. 1792. — Coquille subfusiforme, finement striée, cornée ; 8-9 tours de spire, le dernier formant le tiers de la haut. totale ; 4 dents à l'ouverture, une en haut, une à gauche, deux columellaires. Haut. 8-10 mill.; diam. 3-4 mill.

Nous ne citons que pour mémoire cette espèce, très-probablement, et quoi qu'on en ait dit, étrangère à l'ouest de la France. Cependant Moquin-Tandon (*Hist. moll.* II p. 501) l'indique (*fide* Béraud) dans le département de, la Mayenne. — Les échantillons de notre collection ont été recueillis par nous au bois de Meudon près Paris.

GENRE XII. **ACHATINA Lam.** *An. s. vert.* VI, II, p. 133. 1822. (CÆCILIANELLA Bourg. *Am. malac.* I, p. 210 et seq.).

Car. du genre BULIMUS. Coquille dextre, turriculée, blanchâtre ; spire très-allongée ; columelle tronquée à la base.

Obs. — Nous inscrivons ici, — seulement à titre de renseignement, par déférence pour leur auteur, et aussi parce que les caractères de l'une d'elles (le *C. enhalia* Bourg.) ont été établis sur des échantillons recueillis dans nos localités, — ces trois espèces nouvelles qu'il n'est pas aisé de distinguer entre elles et que nous serions tenté de considérer comme des formes (variables peut-être elles-mêmes) de l'*Achatina acicula* auct. — Les *Cæcilianella* sont de charmantes petites coquilles, vivant sous les feuilles, dans les herbes, etc.

72. **A. enhalia** (*Cæcilianella*) Bourg. *Mal. bret.* p. 158. pl. II, fig. 14-16. — Coquille turriculée, à sommet un peu obtus ; 5-6 tours de spire non gradués, le dernier dépassant le tiers de la haut. totale, peu convexes, « séparés par une suture entourée inférieurement d'une seconde ligne peu visible imitant une rainure suturale ; une éminence tuberculeuse située presque vers l'insertion du labre extérieur. » (Bourg. *loc. cit.*). Haut. 3, 5 mill.; diam. 1 mill. — Cancale (Bourg.).

73. **A. Liesvillei** (*Cæcilianella*) Bourg. *Am. malac.* I, p. 217. 1856. pl. XVIII, fig. 6-8. — Voisin du précéd. dont il semble ne différer que par son sommet plus aigu, ses tours de spire plus gradués, et son éminence tuberculeuse plus médiane. — Dinard (Bourg.).

74. **A. acicula** (*Cœcilianella*) Bourg. *Am. malac.* I, p. 216. pl. XVIII, fig. 1-3 (non Lam.). — Coquille à sommet un peu aigu, à sutures superficielles ; éminence calleuse faible ou oblitérée à l'ouverture de la coquille, le dernier tour de spire égalant presque la moitié de la haut. totale. Haut. 4-5 mill.; diam. 1-1,5 mill. — Morb. Rochefort-en-Terre, un seul individu (Taslé); Mauves, séminaire de Nantes ? (Caill.)

Genre XIII. **CLAUSILIA Drap.** *Hist. moll.* p. 24. 1805.

Animal héliciforme, grèle, à tortillon très-allongé ; poche pulmonaire communiquant avec l'air extérieur par une trachée courte qui correspond à une échancrure (*gouttière*) de l'ouverture de la coquille. — Coquille senestre, fusiforme ; spire allongée, à dernier tour pas plus grand que le pénultième ; un osselet élastique (*clausilium*) mobile, par son pédicule, sur la columelle, et pouvant fermer complètement la coquille.

Ce genre est surtout caractérisé par cette petite porte curieuse, le *clausilium*, bien connu aujourd'hui. Il est, parmi les genres terrestres, un des plus difficiles à étudier, tant les espèces sont voisines l'une de l'autre. Les clausilies habitent sur les vieux murs, sur les arbres couverts de mousse, etc.

A. stries 0 ou peu apparentes ; coquille ayant plus de 10 mill. de hauteur to tale ;clausilium échancré.

75. **C. laminata** (*Turbo*) *Test. brit.* p. 359. 1803. — *C. bidens* Drap. *Hist. moll.* p. 68. 1805. — Coquille fusiforme, un peu ventrue, cornée ou brunâtre, luisante ; 11-12 tours de spire à sutures superficielles ; 4 plis palataux bien visibles. Haut. 15 mill. ; diam. 3-4 mill. — Vallée de la Rance ? (Mab.).

B. Stries 0 ou peu apparentes ; coquille n'atteignant pas 10 mill. de hauteur totale ; clausilium entier.

76. **C. parvula** Stud. *Kurz. Vrzeichn.* p. 89. 1820. — Coquille fusiforme, cornée ou brunâtre, luisante ; 9-10

tours de spire à sutures superficielles ; plis interlamellaires peu marqués ; 2 plis palataux bien visibles. Haut. 6-9 mill.; diam. environ 2 mill. — Région maritime ! St-Malo ! Dinan (Mab.) etc, P C.

C. Stries bien marquées: coquille ayant plus de 10 mill. de hauteur totale : clausilium entier.

I. *Des plis ou rides placés au-dessus de la lamelle inférieure (entre celle-ci et la lamelle supérieure ou pariétale), ou plis interlamellaires.*

77. **C. perversa** (*Helix*) Mull. *Verm. hist.* II, p. 118. 1774. (non Lin.) *C. rugosa* Drap. *Hist. moll.* p. 73. 1805. — Coquille fusiforme , allongée, peu ventrue, peu luisante, brunâtre ; 12-14 tours de spire à sutures superficielles, à sommet obtus ; deux plis palataux ; canal inférieur 0. Haut. 14-15 mill.; diam. env. 2 mill. — Redon ! Morb. : Rochefort-en-Terre (Taslé); Loire-Inf. (Caill.) R.

78. **C. Rolphii** Gray, *Nat. arr. moll.* in *Med. repos.* xv, p. 239. 1821. — *C. ventricosa* Drap. *Hist. moll.* p. 71. 1805. — Coquille fusiforme, ventrue, peu luisante: brunâtre ; 10-11 tours de spire à sutures superficielles, à sommet un peu pointu, infléchi ou tordu ; un pli palatal ; canal inférieur 0. — Haut. 12-13 mill. ; diam. env. 3 mill. — Vallée de la Rance, peu commun (Mab.), Loire-Inf.; Clisson, Orvault (Caill.). R.

79. **C. dubia** Drap. *Hist. moll.* p. 70. 1805. *C. nigricans* var. *a* Moq.-Tand. *Hist. moll.* II, p. 334. 1855. — Coquille fusiforme, peu ventrue, peu luisante, d'un brun noirâtre ; 10-11 tours de spire à sutures superficielles, à sommet obtus ; 3 plis palataux ; un sinus ou canal inférieur plus ou moins marqué. Haut. env. 15 mill. ; diam. 3-4 mill. — Rennes ! Redon ! Vitré ! St-Malo ! etc. C. — La plus répandue de toutes nos *Clausilies*.

II. *Plis interlamellaires* 0.

80. **C. druiditica** Bourg. *Mal. bret.* p. 105. pl. II, fig. 3-6. 1860. Coquille fusiforme, brunâtre, « ornée de fortes stries, assez espacées les unes des autres, rarement rameuses, dans les intervalles desquelles sont marqués une foule de petits creux uniformément symétriques, ce qui donne à la coquille une apparence treillissée. » 12-13 tours de spire, à sommet mamelonné, à sutures bien marquées, le dernier obscurément caréné; 2 plis palataux. Haut. 13-14 mill.; diam. env. 3 mill. — Vallée de la Rance (Bourg.) où depuis lors elle n'a pas été rencontrée (Mab.).

81. **C. obtusa** Pfeif. *Deutschl. moll.* I, p. 65. — *C. nigricans* var. *obtusa* Moq.-Tand. *Hist. moll.* II, p. 334. 1855. — Coquille fusiforme, ventrue, brunâtre; 10-12 tours de spire, à sommet obtus, à sutures bien marquées; 3 plis palataux. Haut. 14-15 mill.; diam. 3-4 mill. Région maritime. AC. par local.

82. **C. armoricana** Bourg. *Mal. bret.* p. 134, pl. II, fig. 1-2. 1860. Coquille un peu plus petite, moins ventrue, plus mince et plus brillante que la précéd.; 10 tours de spire, à sommet mamelonné, à sutures bien marquées; 1 seul pli palatal peu visible (Bourg.). Haut. 13-14 mill.; diam. 3-4 mill. — Vallée de la Rance (Bourg., Mab.). RR.

GENRE XIV. **BALEA Gray,** *Zool. journ.* I, p. 61. 1824.

Car. du genre PUPA. — Coquille senestre, fusiforme-conoïde ; ouverture sans plis ni dents.

83. **B. perversa** (*Turbo*) Lin. *Syst. nat.* éd. X, t. I, p. 767. 1758. *Pupa fragilis* Drap. *Tab. moll.* p. 64.

1801. — *P. perversa* Moq.-Tand. *Hist. moll.* II. p. 349. 1855. — Coquille finement striée, cornée, un peu transparente et fragile, atténuée au sommet, étroitement ombiliquée ; 8-9 tours de spire à sutures bien marquées ; péristome blanchâtre, non bordé. Haut. 8-9 mill. ; diam. environ 2 mill. — Sous les mousses, les pierres. A C.

Obs. — Nous ne connaissons ni le *B. Deshayesiana* Bourg. ni le *B. Lucifuga* Bourg., deux espèces nouvelles indiquées dans le département du Finistère (Bourg. *Mal. bret.* p. 107).

GENRE XV. **PUPA Lam.** *An. s. vert.* p. 88. 1801.

Animal héliciforme ; quatre tentacules, les deux supérieurs oculifères, médiocres, les deux inférieurs très courts ; mâchoire très-faiblement striée en avant, non denticulée sur les bords. — Coquille dextre (*ici*), cylindroïde ; spire allongée, formant un cône tronqué à son sommet qui est obtus ; ouverture petite, droite, bordée de plis ou dents.

Les *Pupa*, vulg. nommés *Maillots* à cause de leur forme, sont, dans notre pays, de très-petites coquilles, qui vivent sous les pierres, la mousse, l'écorce des arbres.

84. **P. cylindracea** (*Turbo*) da Cost. *Test. brit.* p. 89. 1778. *P. umbilicata* Drap. *Tab. moll.* p. 58. 1801. — Animal brunâtre, plus pâle en dessous. — Coquille brillante, presque lisse, transparente, cornée, largement ombiliquée ; 7-8 tours de spire, un peu convexes, à sutures peu marquées, le dernier un peu plus grand que le pénultième ; ouverture avec un pli supérieur ; plis palataux et columellaires 0 ; péristome réfléchi, sans bourrelet extérieur. Haut. 4-5 mill. ; diam. 1-2 mill. CC.

85. **P. Sempronii** Charp. *Cat. moll. Suisse*, p. 15. *P. cylindracea var. Sempronii* Moq.-Tand. *Hist. moll.* II, p. 390. 1855. — Rattaché par beaucoup d'auteurs au *P. cylindracea* dont il diffère, suivant Moq.-Tand. (*loc. cit.*) par sa taille plus petite et par l'absence du pli supérieur à l'ouverture de la coquille. Nous n'avons pas rencontré cette espèce indiquée en Bretagne, à Dinan par M. Mabille, à Vannes par M. Taslé.

86. **P. muscorum** (*Helix*) Mull. *Verm. hist.* II, p. 105 1774. *P. marginata* Drap. *Tab. moll.* p. 58. 1801. — Animal grisâtre, ponctué de brun inférieurement. — Coquille brillante, presque lisse, transparente, cornée, plus petite et moins largement ombiliquée que le *P. cylindracea*; 6-7 tours de spire assez convexes, à sutures bien marquées, le dernier à peine plus grand que le pénultième; ouverture avec un pli supérieur bien marqué; dents palatales et columellaires 0; péristome réfléchi, bordé d'un bourrelet extérieur, très-épais, blanc. — Haut. 3-4 mill.; diam. env. 1 mill. Dinard, St-Servan! Châteauneuf (Bourg.); Morb. R R. (Taslé); Loire-Inf. peu abondant (Caill.) Manche: Portbail, St-Vaast, etc. (Macé). R R.

Genre XVI. **VERTIGO Mull.** *Verm. hist.* II, p. 24. 1774.

Animal héliciforme, mais n'ayant que deux tentacules, (les deux inférieurs étant atrophiés), oculifères. — Outre ce caractère essentiel, les *Vertigo* diffèrent des *Pupa* par leur taille généralement plus petite, par leur spire souvent plus tronquée, par l'ouverture de la coquille située plus directement dans la direction de l'axe. Ils habitent sous la mousse, les feuilles mortes, où leur petitesse les rend souvent bien difficiles à recueillir.

A. Coquile dextre (ISTHMIA GRAY, *Nat. arr. moll.* in *Med. repos.* xv, p. 239. 1821.)

I. *Plis ou dents* 0 *à l'ouverture.*

87. **V. minutissima** (*Pupa*) Hartm. in *Neue Alp.* p. 220. 1821. *V. muscorum* Mich. *Compl.* p. 70. 1831. — Coquille très-petite, cylindrique, striée, mince, un peu luisante, cornée, étroitement et obliquement ombiliquée; ouverture plus haute que large; péristome à peine réfléchi, bordé d'un bourrelet extérieur assez peu marqué. Haut. 1,5-1,8 mill.; diam. 0,5-1 mill. — Dans le Morb. Arradon (Bourg.); Vannes! (Taslé) etc. R R.

88. **V. edentula** Drap. *Hist. moll.* p. 52. 1805. — Coquille très-petite, proportionnellement moins allongée que la précéd., à peine striée, mince, transparente, un peu luisante, cornée, étroitement et presque horizontalement ombiliquée; ouverture plus large que haute; péristome ni réfléchi ni bordé. — Haut. 2,5-6 mill.; diam. env. 1 mill. — La Loire-Inf. : Couëron! Arthon, etc. (Caill.). Le Morb.: Env. de Vannes (Taslé). RR.

II. *Des plis ou dents à l'ouverture.*

89. **V. pygmæa** Fér. p. *Essai méth. conch.* p. 124. 1807· *Pupa* Drap. *Tab. moll.* p. 57. 1801. — Coquille ovale, un peu ventrue, transparente, cornée; 5-6 tours de spire assez convexes; 5 plis ou dents à l'ouverture (1 médian sur la convexité de l'avant-dernier tour, 1 columellaire, 3 palataux). Haut. 1, 5-2 mill.; diam. 0, 5-0, 9 mill. — Redon! Vitré! Rennes! Dinan (Mab.) — La Loire-Inf. (Caill.); le Morb. (Taslé); la Manche (Macé), etc. AC.

Var. *Loroisiana* (*Pupa Loroisiana*) Bourg. *Mal. bret.* p. 65, pl. II, fig. 7-9). M. Mabille (*Cat.* p. 25) identifie cette coquille avec la précéd. Cependant, dans les échantillons que nous avons sous les yeux, nous n'avons pu apercevoir que 2 dents palatales : tous sont conformes à la description donnée par M. Bourguignat. N'ayant pas vu l'animal, nous ne savons s'il faut rapporter cette espèce au genre *Pupa* ou la rattacher au genre *Vertigo*, avec lequel elle offre d'ailleurs assez d'affinité. Mais nous n'oserions en faire une espèce du genre *Pupa* comme son auteur, moins encore le rayer de notre faune comme M. Mabille, et *provisoirement* nous l'inscrivons ici comme variété du *V. pygmæa*, de taille plus grande et ayant une des trois dents palatales du type, (la supérieure sans doute) complètement oblitérée. — Env. de Vannes ! (Taslé). R R.

90. **V. antivertigo** Mich. *Compl.* p. 72. 1831. *Pupa* Drap. *Tabl. moll.* p. 57. 1801. — Coquille ovale, un peu ventrue transparente, cornée ; 5-6 tours de spire ; 7 plis ou dents à l'ouverture (2 sur la convexité de l'avant-dernier tour, 2 columellaires, 3 palataux). Haut. 1,5-2 mill. ; diam. à peine 1 mill. — La Manche à Colomby !, Quineville, etc. (Macé). Le Finistère à Kervallon (Coll. des Ch.). R R.

B. Coquille senestre (**VERTILLA** Moq.-Tand. *Hist. moll.* p. 408. 1855).

91. **V. pusilla** Mull. *Verm. hist.* II, p. 124. 1774. *Pupa vertigo* Drap. *Tabl. moll.* p. 57. 1801. — Coquille un peu ventrue, transparente, cornée ; 5-6 tours de spire ; 7 plis à l'ouverture (2 sur la convexité de l'avant-dernier tour, 3 columellaires, 2 palataux). Haut. 1,5-2 mill. ; diam. à peine 1 mill. — La Loire-Inf. où elle n'est pas rare (Caill.). R R.

Fam. III. AURICULIDÆ Gray, Brit. shells. p. 101. 1840 (AURICULACÉS Moq.-Tand Hist. moll. II, p. 411. 1855.

Animal : corps avec tortillon spiral et pied distinct ; tentacules 2, (les 2 inférieurs atrophiés comme dans le genre *Vertigo*) ; yeux placés en arrière et en dedans des tentacules, à leur base. — Coquille développée, spirale, ovoïde ou conoïde (*ici*); ouverture ordinairement étroite, longitudinale, plissée ou dentée, à péristome disjoint.

Genre XVII. **CARYCHIUM Mull.** *Verm. hist.* II, p. 125. 1774.

Animal héliciforme, grêle. — Coquille ovale-oblongue (sect. *Carychium* ou conoïde (sect. *Alexia*); ouverture longitudinale, pluridentée ; péristome épaissi, ordinairement réfléchi.

A. Bord latéral unidenté (**CARYCHIUM**).

92. **C. minimum** Mull. *Verm. hist.* II, p. 125. 1774. *Auricula* Drap. *Tabl. moll.* p. 54. 1801. — Coquille blanchâtre, translucide, très-étroitement ombiliquée, ovale-oblongue ; 5-6 tours de spire à sommet obtus, à sutures profondes, le dernier très-grand ; 3 plis à l'ouverture (1 palatal, 1 columellaire, 1 supérieur très-voisin de la columelle(. Haut. 1,7-2 mill.; diam. env. 1 mill. — Lieux humides, sous la mousse, les pierres. Redon dans une cour du collége des Eudistes ! Vallée de la

Rance (Mab.) le Morb. (Taslé); la Loire-Inf. (Caill.); la Manche (Macé). — A R.

B. Bord extérieur non-denté (ALEXIA).

93. **C. myosotis** (*Auricula*) Drap. *Tab. moll.* p. 53. 1801. — Coquille brune à peine transparente, très-étroitement ombiliquée, conoïde ; 7-8 tours de spire à sommet pointu, à sutures moins profondes, le dernier très-grand ; plis palataux 0 ; bord columellaire 2, parfois 3 denté. Haut. 10-12 mill. ; diam. ; 5-6 mill. — Sous les pierres, dans les endroits baignés par les hautes mers. Région maritime ! — Cette espèce n'est pas maritime, si l'on en croit certains auteurs dont nous adoptons ici le sentiment, et c'est pour cela que nous l'inscrivons à cette place. Quant aux espèces voisines, rangées par les malacologistes anglais dans le genre *Conovulus*, et dont l'hab. est pourtant presque le même, nous n'hésitons pas à les renvoyer à notre seconde partie (mollusques marins).

ORDRE II. INOPERCULÉS PULMOBRANCHES (1) MOQ.-TAND. *Hist. moll.* II, p. 420. — *Pulmonés aquatiques* Cuv.

Poche pulmonaire servant à la respiration aérienne, mais pouvant aussi (surtout dans le jeune âge), servir à la respiration aquatique, à l'aide de lamelles branchiales plus ou moins rudimentaires ; 2 tentacules oculifères à leur base interne. — Espèces fluviatiles.

---

(1) Nous conservons à cet ordre le nom de Moquin-Tandon. Il est cependant jusqu'à un certain point impropre, puisque les mollusques de cet ordre (bien que pouvant vivre assez longtemps immergés dans l'eau), n'ont pas de branchies proprement dites et remontent ordinairement à la surface pour respirer l'air en nature.

Fam. unique. LIMNEIDÆ Gray, Brit. shells, p. 102. 1840. (LIMNÉENS Moq.-Tand. Hist. moll. II, p. 420. 1855.

Animal le plus souvent spiral, à pied distinct ; orifice mâle distant de l'orifice femelle. — Coquille discoïde, ovoïde, subturriculée ou patelliforme, mince, à péristome tranchant, non bordé.

Chez les mollusques dont nous nous sommes occupé jusqu'ici, et qui sont aussi androgynes, l'organe mâle est placé tout à côté de l'organe femelle, et n'a, pour ainsi dire, avec lui qu'un même orifice commun : disposition qui, dans l'accouplement, permet à deux individus d'un même couple de se féconder réciproquement et d'agir, chacun vis-à-vis de l'autre, simultanément, comme mâle et femelle. Leurs organes génitaux sont souvent aussi très-compliqués : aussi, pour les inoperculés terrestres, nous n'avons pas voulu surcharger nos diagnoses génériques et spécifiques, déjà bien longues, par la description de parties complexes, souvent difficiles à voir et à étudier, nous réservant d'ailleurs de faire connaître plus tard, dans un chapitre spécial, et d'une manière générale, ce que nous savons de l'organisation de nos mollusques.

Chez les *Limnées* dont nous avons patiemment observé l'embryogénie autour de nous, dans les marais de Redon où les mollusques fluviatiles abondent, la position relative des organes sexuels, la distance qui sépare l'orifice masculin de l'orifice féminin chez le même individu ne lui permet pas d'agir, comme les Hélices, par exemple. Dans le g. *Limnea*, spécialement, chacun des deux individus d'un même couple ne se comporte que comme mâle ou que comme femelle ; mais il lui reste encore la faculté de s'unir à un troisième individu. C'est d'ordinaire ce qui arrive ; et l'on voit, principalement au printemps, ces animaux formant dans nos eaux douces des chapelets , de longues chaînes dans lesquels chaque mollusque (celui de chaque extrémité excepté) est à la fois mâle et femelle, fécondant et fécondé, fécondant celui qui le précède, fécondé par celui qui le suit. Leur union n'est pas, en général, préparée par ces caresses préliminaires si remarquables et si souvent remarquées chez les *Limacidæ*, et n'est pas, non plus, accompagnée d'un plaisir aussi vif que chez ces derniers; cependant nous avons vu, durant l'accouplement qui dure plus d'une demi-heure, des *Planorbes* se tordre sous l'empire de sensations violentes et, assez souvent, sur le corps du *Limnæa stagnalis*, courir des frissons convulsifs. C'est au fond de la cavité utérine que les ovules, détachés de la grappe ovairienne, semblent être fécondés l'un après l'autre par le fluide séminal poussé jusque-là, en microscopiques gouttelettes, par les contractions de l'organe mâle. Proportionnellement, les zoospermes sont énormes, 30, 40 fois plus gros que ceux des Mammifères ; ils sont aussi plus effilés, plus grêles, à peine renflés à leur partie antérieure. Du 12e au 20e jour après la fécondation vient la ponte qui se compose ordinairement d'une vingtaine (parfois moins, souvent davantage) d'œufs relativement assez gros, agglomérés comme un frai dans une enveloppe glutineuse, qui se colle aux herbes, aux pierres submergées. L'éclosion a lieu du 15e au 30e jour, suivant les espèces et suivant aussi la température. Mais à sa naissance, le jeune limnéen n'offre pas, en général, tous les caractères de l'animal adulte, et c'est cette différence qui a conduit certains auteurs à créer des espèces sans raison d'être, Müller et Pennant par ex. dont les *Planorbis* (Helix) *nana* et *similis* ne sont que des formes plus ou moins jeunes du *P. corneus*.

GENRE XVIII. **PLANORBIS Guet.** *Mém. Acad. sciences Paris.* p. 151. 1756.

Animal allongé, spiral, mais roulé sur le même plan horizontal, ordinairement noirâtre, à tentacules très-longs, sétacés ; orifices anal et pulmobranche à gauche ; du même côté, les organes génitaux, l'orifice mâle situé très-près et en arrière du tentacule gauche, l'orifice vaginal s'ouvrant au bord de la cavité pulmobranche. — Coquille dextre, discoïde et s'enroulant sur le même plan horizontal, laissant voir sur les deux faces, qui souvent sont l'une et l'autre concaves, tous les tours de spire.

Les Planorbes habitent les marais, les eaux stagnantes, même celles qui semblent le plus en putréfaction. Quand on les blesse ou les irrite, ils laissent échapper un liquide abondant (d'un beau rouge orangé dans le *P. corneus*) qui est, suivant Moquin-Tandon le sang de l'animal, suivant Cuvier une sécrétion particulière.

A. Diamètre de la coquille dépassant 1 centimètre.

I. *Coquille non carénée.*

94. **P. corneus** Lin. *Syst. nat.* éd. x. I, p. 770. 1758. — Animal noirâtre, plus pâle en dessous, à tentacules filiformes, grisâtres ou enfumés. — Coquille (la plus grande du genre) striée, cornée ou roussâtre, ombiliquée en dessus. Haut. 8-12 mill. ; diam. 20-30 mill. — C C. marais de Redon ! Langon ! etc

II. *Coquille carénée sur le dernier tour.*

95. **P. complanatus** Stud. *Faunul. Helvet.* in Coxe *Trav. Switz.* III, p. 435. 1789. — Coquille cornée ou brunâtre ; 5-6 tours de spire assez gradués, le dernier bordé tout-à-fait en bas d'une carène marginale aigüe ; péristome tranchant, sans bourrelet intérieur. Haut. 2-3 mill.; diam. 12-14 mill. — C. marais de Redon et vallée de la Basse-Vilaine ! Paramé (Mab.); Dol ! Châteauneuf (Bourg.). Morb.: Carentoir, etc. (Taslé); Loire-Inf.: esp. la plus abondante (Caill.); dans la Manche, partout (Macé).

96. **P. submarginatus** Crist. et Jan. *Cat.* XX, n° 9 1/2. 1832. — *P. complanatus var. submarginatus* Moq.-Tand. *Hist. moll.* II, p. 428. 1855. — Intermédiaire entre le précéd. et le suiv. par sa carène qui n'est plus tout-à-fait inférieure et n'est pas encore médiane. — Loire-Inf.: le Bas-Chantenay ! Le Loroux (Caill.). RR.

97. **P. carinatus** Mull. *Verm. hist.* II, p. 175. 1774. (non Stud.) — De même taille ou un peu plus petit que les précéd. et de même couleur, mais distinct par sa carène située au milieu même du dernier tour. — Loire-Inf. Haute-Goulaine, etc. (Caill.). — RR.

Obs. — Ces 3 espèces si voisines n'en devraient, à vrai dire, former qu'une seule que nous appellerions *P. carinatus.*

B. Diamètre de la coquille n'atteignant pas 1 centimètre.

I. *Des lamelles intérieures disposées 3 par 3, de façon à former des cloisons transverses incomplètes et rudimentaires.*

98. **P. nitidus** Mull. *Verm. hist.* II, p. 163. 1774. (non Gray). — Coquille cornée, luisante, presque hémis-

phérique (avec une légère dépression apicale) en dessus, plane en dessous, très-obtusément carénée ; 3 tours de spire non gradués, le dernier énorme ; péristome sans bourrelet intérieur. Haut. 1-2 mill.; diam. 5-6 mill. — Redon ! Dinan (Mab.). La Roche-Bernard ! (Taslé); Derval, etc. (Caill.). — AR.

II. *Lamelles intérieures* 0.

+. *Carène* 0 *ou excessivement obtuse.*

99. **P. contortus** (*Helix*) Lin. *Syst. nat.* éd. x, t. I, p. 770. 1758. — Animal noirâtre. — Coquille aplatie, striée, cornée, largement ombiliquée en dessous ; 6-7 tours de spire gradués ; péristome sans bourrelet intérieur. Haut. env. 2 mill.; diam. 5-6 mill. — Marais de Redon ! Dinan (Mab.) ; Loire-Inf.: Le Loroux, Mauves (Caill.). Manche : Colomby, Valognes (Macé). R.

100. **P. Moquini** Req. *Coq. Corse*, p. 50. 1848. *P. lævis* Ald. *Cat. supp. moll. newc.* in *Trans. newc.* II, p. 337. 1837. — Coquille aplatie, peu ou point striée, lisse, cornée, brillante, ombiliquée en dessus ; 2-3 tours de spire non gradués, le dernier très-dilaté vers l'ouverture ; péristome sans bourrelet intérieur. Haut. 0,5-1 mill.; diam. 2,5-3,5 mill. — Quelques individus seulement recueillis en 1869, dans les marais de l'Oult. p. Redon, sur les limites de l'Ille-et-Vilaine et du Morbihan, et offerts par nous au musée de la Société polymathique de Vannes. Cette rare espèce n'avait été jusqu'alors signalée en France que dans la Normandie. (Taslé, *Bull. soc. polym. Morb.* p. 151. 1869).

101. **P. spirorbis** (*Helix*) Lin. *Syst. nat.* éd. x, t. I, p. 770. 1758. — Coquille aplatie, striée ; 5-6 tours de spire assez gradués, le dernier pourtant un peu dilaté vers l'ouverture ; péristome sans bourrelet intérieur.

Haut. 1-1,5 mill.; diam. 5,5-6,5 mill. — Loire-Inf. : Campbon ! Chantenay, etc. (Caill.). RR.

102. **P. Perezii** Graëlls in Dup. *Hist moll.* IV, p. 441. 1852. — *P. rotundatus* var. *Perezii* Moq.-Tand. *Hist. moll.* II, p. 435. 1855. — Ne diffère du suiv. que par sa taille généralement plus petite, sa forme plus aplatie, ses tours de spire plus nombreux, plus serrés, plus gradués, son péristome à peine bordé. Dinan ! etc. (Mab.). RR.

103. **P. leucostoma** Mill. *Moll. Maine-et-L.* p. 16. 1813. *P. rotundatus* Poir. *Prodr.* p. 93. 1801. — Coquille aplatie, ou à peine convexe en dessus, cornée; 6-7 tours de spire, le dernier un peu dilaté vers l'ouverture ; péristome bordé intérieurement d'un bourrelet blanc. Haut. 1-1,5 mill.; diam. 6-8 mill. CC.

++. *Une carène plus ou moins aigüe sur le dernier tour.*

a. Coquille ornée transversalement de côtes longitudinales (parfois réduites à de simples villosités.)

104. **P. hispidus** Drap. *Hist. moll.* p. 43. 1805. *P. albus* Mull. *Verm. hist.* II, p. 164. 1774. — Coquille aplatie, blanchâtre, ombiliquée en dessous, épidermée, et, sur son épiderme, ornée (principalement dans le jeune âge), de petites villosités, lamelleuses, caduques ; 3 1/2-4 tours de spire, le dernier dilaté vers l'ouverture ; péristome sans bourrelet intérieur. Haut. 1-1,5 mill. ; diam. 4-5 mill. — Souvent appliqué, comme les suivants, et surtout à l'automne, sous les feuilles jaunissantes des *Nymphæa* et *Limnanthemum.* — Vial p. Redon ! Marais de l'Oult ! Au sud de Dinard (Bourg.), etc. AC. par localités.

Le *P. Stelmachætius* Bourg. *Mal. bret.* p. 139, ne nous paraît qu'une forme de cette esp. plus hispide et à lamelles plus saillantes. Indiqué par son auteur aux env. de Dinan n'y a pas été retrouvé. (Mab.).

105. **P. nautileus** (*Turbo*) Lin. *Syst. nat.* Ed. XII, t. II, p. 1241. 1767. Coquille aplatie, cornée, ombiliquée en dessous, épidermée, ornée de côtes, de petites crêtes lamelleuses et longitudinales qui denticulent la carène et donnent à toute la coquille vue en dessus l'aspect élégant d'une molette d'éperon (Gassies) ; 3 tours de spire, le dernier très-dilaté vers l'ouverture ; péristome sans bourrelet intérieur. Haut. 0, 5-1 mill. ; diam. 1, 5-2,5 mill. Marais de Manne-tan en Bains p. Redon ! Dinan (Mab.). L.-Inf.: Les Cléons, etc. (Caill.). Manche : Colomby (Macé). — R. — Sous ce nom nous réunissons avec beaucoup de malacologistes les *P. imbricatus* et *P. cristatus* de Müller qui ne diffèrent guère que par la saillie plus ou moins forte des denticulations carinales.

b. Côtes longitudinales 0 ; coquille plus ou moins lisse.

106. **P. vortex** (*Helix*) Lin. *Syst. nat.* éd. X, t. I, p. 772. 1758. — Coquille aplatie, un peu striée, cornée, transparente ; 6 tours de spire gradués, le dernier peu ou point dilaté vers l'ouverture, caréné en son milieu. Haut. env. 1 mill. ; diam. 7-8 mill. — Env. de Saint-Malo ! et au-delà vers la Mayenne ! et la Manche (Macé); plus rare vers la Bretagne. — D'ailleurs partout PC.

107. **P. fontanus** Lightf. in *Phil. trans.* I., p. 65. 1786. *P. complanatus* Drap. *Hist. moll.* p. 47. 1805. (non Stud.). — Coquille convexe en dessus, à peine striée, cornée, transparente ; 3-4 tours de spire non gradués, le dernier très-grand, très-dilaté vers l'ouverture, caréné en son milieu. Haut. env. 1 mill. ; diam. 3-5 mill.. — Fontaine ferrugineuse p. de Dinan (Bourg.). Loire-Inf.: prairie de Mauves (Caill.); Manche : Valognes, Colomby, etc. (Macé) ; non rencontré dans l'Ille-et-Vil. et le Morb. R.

Genre XIX. **PHYSA Drap.** *Tabl. moll.* p. 31. 1801.

Animal limnéiforme, mais à tentacules longs, sétacés; orifices respiratoire et anal placés du côté gauche ; du même côté, les organes sexuels : la verge, qui est grosse et courte, sortant près et en arrière du tentacule gauche, la vulve s'ouvrant sur le collier au bord de la poche pulmobranche. — Coquille senestre (ici), mince, fragile, ovoïde ou subglobuleuse, généralenent non ombiliquée, à columelle torse ; ouverture très-grande, longitudinale ; spire plus ou moins courte à dernier tour plus grand que tous les autres réunis.

Les Physes habitent les ruisseaux, les douves des marais où, comme tous les Limnéens, elles aiment à nager renversées. La transparence de leur coquille laisse voir les élégantes mouchetures dorées qui, ordinairement, ornent le manteau de l'animal.

A. Ouverture atteignant ou dépassant les 2/3 de la haut. totale(**BULINUS** Adans. *Hist. nat. Sénég.* p. 5. 1767).

108. **P. fontinalis** (*Bulla*) Lin. *Syst. nat.* éd. x, t. i, p. 727. 1758. — Coquille ovoïde, cornée, fragile, transparente ; 3-4 tours de spire à sommet obtus, le dernier formant à lui seul presque toute la coquille ; ouverture à péristome tranchant, à columelle peu ou point calleuse. Haut. 8-10 mill.; diam. 5-7 mill. Partout la plus commune du genre.

109. **P. Taslei** Bourg. *Mal. Bret.* p. 70. pl. i, fig. 19-20. — Se distinguera du précéd. à sa forme plus allongée, moins ventrue, à ses tours de spire un peu plus nombreux, à son sommet moins obtus. — Semble relier le

P. fontinalis au *P. acuta*. — Morb. Env. de Vannes ! (Taslé).

110. **P. acuta** Drap. *Hist. moll.* p. 55. 1805. — Coquille ovoïde-allongée, un peu ventrue, mince, transparente ; 4-5 tours de spire à sommet un peu aigu, le dernier atteignant les 2/3 de la hauteur totale ; ouverture à péristome un peu épaissi, non tranchant ; une callosité blanchâtre bien marquée sur la columelle. Haut. 8-10 mill.; diam. 4-5 mill. — Ruisseau de la Ruée en Bains p. Redon ! Langon ! Rennes ! Dans la Loire-Inf.. Orvault, etc. (Caill.). — Non indiqué ailleurs. R.

111. **P. subopaca** Lam. *An. s. vert.* t. VI, partie II, p. 157. 1822. — Rattaché par plusieurs auteurs au *P. acuta* dont elle se distingue cependant par sa coquille plus petite, plus élancée, moins transparente, presque opaque, ordinairement salie par des incrustations limoneuses ; 4 tours de spire. — Indiquée dans le Finistère par M. Bourguignat.

B. Ouverture n'atteignant que la 1/2 de la haut. totale (**APLEXUS** Gray, *Shells brit.* p. 225. 1840).

112. **P. hypnorum** Drap. *Tabl. moll* p. 52. 1801. — Coquille oblongue, subturriculée, brillante, ambrée, mince, à peine ventrue ; 5-6 tours de spire allongée, à sommet aigu. Haut. 8-10 mill.; diam. 3,5-4,5 mill. Dinan (Mab.). R. Loire-Inf. (Caill.) ; la Manche où il se trouve une var. *major* (Macé). — R.

Genre XX. **LIMNÆA Brug.** *Enc.* p. 459. 1791.

Animal allongé, à pied distinct, à tortillon spiral plus ou moins élevé, à tentacules courts, comme foliacés, triangulaires; orifice respiratoire à droite ; du même côté, distant l'un de l'autre, les 2 orifices génitaux, celui de la verge qui est ordinairement un peu allongée, renflée au sommet, presque phalliforme, près et sous le tentacule droit, celui du vagin qui est très-court, au haut du collier, près de la cavité pulmobranche. — Coquille ovoïde ou oblongue, parfois subturriculée, mince, non ombiliquée ; ouverture ovale plus haute que large, à péristome désuni ; columelle un peu torse avec un pli.

Même hab. que les *Physes*.

A. Collier se développant de façon à former une expansion palléale qui peut recouvrir en grande partie la coquille (**AMPHIPEPLEA** NILLS. *Moll. Suec.* p. 58. 1822).

113. **L. glutinosa** (*Buccinum*) Mull. *Verm. hist.* II, p. 129. 1774. *Amphipeplea* Nills. *loc. cit.* — Animal très-grand, grisâtre, élégamment maculé de mouchetures dorées. — Coquille ovoïde, mince, transparente, vitrée ; 3 tours de spire à sommet aplati, le dernier formant à lui seul presque toute la coquille. Haut. 10-12 mill.; diam. 8-12 mill. — Marais de Redon, côté de l'Oult ! ; Loire-Inf.: St-Nicolas de Redon ! ; Morb.: Étang du Petit Rocher en Téhillac ! etc. R.

B. Collier peu développé ; pas d'expansion palléale (**LIMNÆA** AUCT.).

I. *Haut. de l'ouverture dépassant ou égalant la 1/2 de la haut. totale de la coquille.*

Obs. — Les 6 esp. suivantes sont adoptées par trop d'auteurs pour que nous ne les inscrivions ici que comme de simples var. Cependant elles offrent souvent des caractères bien peu tranchés, reliées qu'elles sont par une foule d'intermédiaires; on pourrait, par une série continue par des transitions insensiblement graduées, rattacher dans une collection le *L. auricularia* au *L. peregra*, en passant par les esp. mentionnées ici et leurs très-nombreuses var. On attache souvent trop d'importance à des différences de formes, souvent variables et souvent locales: ne vaudrait-il pas bien mieux réunir que diviser sans cesse, et, par une synthèse logique, grouper, par ex. toutes ces limnées si voisines l'une de l'autre sous le nom spécifique et linnéen de *L. limosa*.

114. **L. auricularia** (*Helix*) Lin. *Syst. nat.* éd. x. t. I, p. 774. 1758. — Animal grisâtre, maculé de points jaunâtres. — Coquille grisâtre, peu transparente, grossièrement et inégalement striée, ventrue ; fente ombilicale très-étroite (un peu plus ouverte dans la var. *Canalis* Gass.) ; 3-4 tours de spire à sommet mamelonné, à dernier tour formant à lui seul presque toute la coquille ; ouverture énorme , égalant les 6/7 de la coquille, arrondie, à angle supérieur peu marqué, à bords très-réfléchis, très-évasés. Haut. 20-30 mill. ; diam. 15-22 mill. — Marais de Redon, côté de l'Oult ! de Paramé (Mab.) : Loire-Inf. R. (Caill.). Morb.: Vannes (Taslé). P.C.

115. **L. Trencaleonis** Gass. *Moll. de l'Agen.* p. 153. pl. II, fig. I. 1849. — Diffère du précéd. par sa spire un peu plus marquée, à sommet plus aigu, par son ouverture plus allongée, plus étroite et n'égalant que les 5/7 de la haut. totale. — Taille du *L. auricularia* avec lequel il vit.

116. **L. Nouletiana** Gass. *Moll. de l'Agen.* p. 166. pl. II, fig. II. 1849. Voisin des précéd. dont on le distinguera à sa coquille plus petite ; ouverture à bords moins réfléchis et n'ayant guère de haut. que les 2/3 de la haut. totale. Taille du *L. ovata*.

117. **L. ovata** Lam. *An. s. vert.* t. VI, II, p. 161. 1822. *L. limosa* Moq.-Tand. *Hist. moll.* t. II, p. 465. 1855. — Animal grisâtre, ponctué. — Coquille ovoïde, moins

ventrue que celle du *L. auricularia*, mince et transparente (v. *Pellucida*), ou solide, un peu épaisse (v. *Crassa*) ; 4 tours de spire moins courte que dans les précéd., à sommet un peu mamelonné, le dernier très-grand, formant à lui seul la plus grande partie de la coquille ; ouverture ovale, grande, à angle supérieur bien marqué, aigu, à bord peu ou point évasé. Haut. 15-20 mill. ; diam. 9-12 mill. CC.

118. **L. intermedia** Fér. in Lam. *An. s. vert.* t. VI, II, p. 162, 1822. *L. limosa v. intermedia* Moq.-Tand. *Hist. moll.* II, p. 465. 1855. — Intermédiaire entre le *L. ovata* dont elle offre la couleur, la forme un peu turbinée, le dernier tour un peu ventru, l'ouverture allongée, et le *L. peregra* dont elle a la spire allongée, aigüe. Haut. 18-22 mill. ; diam. 10-12 mill. Loire-Inf. : Doulon, le Loroux, etc. (Caill.). Morb. : Vannes, etc. (Taslé). PC.

119. **L. peregra** (*Buccinum*) Mull. *Verm. hist.* II, p. 130. 1774. — Coquille ovoïde-allongée, peu ventrue, cornée ; 5 tours de spire un peu allongée, à sommet pointu, le dernier très-grand ; ouverture ovale-oblongue, anguleuse supérieurement, égalant env. les 3/5 de la haut. totale. Haut. 15-25 mill. ; diam. 10-15 mill. Très-rarement rencontrée dans la Loire-Inf. à la Bernerie, etc. (Caill.), dans le Morb. à Quiberon, etc. (Taslé), dans la Manche à Quinéville (Macé). — R.

120. **L. stagnalis** (*Helix*) Lin. *Syst. nat.* Ed. X, I, p. 774. 1758. (non Ed. XII, p. 1248. 1767). — Animal grisâtre, à tentacules triangulaires, coniques. — Coquille (la plus grande du genre), mince, finement striée, cornée (*type*) ou brunâtre (v. *Subfusca* Goup.), à épiderme enlevé parfois par places (v. *Erosa* Mab.), quelquefois très-ventrue (v. *Inflata* Garn.), ou allongée (v. *Acuta* Gass) ; 6-7 tours de spire convexes, à sutures profondes, le dernier très-grand ; ouverture ovale, grande, égalant la 1/2 de la coquille, peu anguleuse supérieurement, à bord columellaire

réfléchi, recouvrant complètement l'ombilic. Haut. 40-50 mill.; diam. 20-30 mill. Marais de Redon! Brain! etc. St-Gildas! (Ledoux) Campbon! (Loire-Inf.). Dinan, etc. (Mab).; les marais du Cotentin (Macé), etc. AC. par local.

Nous rattachons à cette espèce le *L. fragilis* (Helix) Lin. *Loc. cit.* indiqué à Châteauneuf (Côtes-du-Nord), par M. Mab. et qui nous semble une var. *Minor* du précéd. à coquille plus mince, plus fragile, souvent confondue d'ailleurs avec les jeunes individus du *L. Stagnalis*..

II. *Haut. de l'ouverture n'atteignant pas la 1/2 de la haut. totale de la coquille.*

121. **L. minuta** (*Limneus*) Drap. *Hist. moll.* p. 53. 1805. *L. truncatula* (*Buccinum*) Mull. *Verm. hist.* II, p. 130, 1774. — Animal grisâtre, ponctué, à tentacules subtriquêtres, arrondis au sommet. — Coquille ovoïde-oblongue ou subconoïde, mince, un peu transparente, cornée; 5-6 tours de spire acuminée, à sommet un peu pointu, le dernier grand; ouverture ovale, supérieurement peu anguleuse, n'atteignant pas tout-à-fait la 1/2 de la haut., non bordée, à bord columellaire peu tordu, calleux, cachant presque entièrement la fente ombilicale. Haut. 7-10 mill.; diam. 4-5 mill. — Il existe des var. *Major* et *minor* assez fréquemment rencontrées avec le type. — C. petits ruisseaux, fossés, souvent hors de l'eau, sur les talus, résistant d'ailleurs à la sécheresse, beaucoup mieux que ses congénères.

122. **L. Daublierii** Req. 1845. *L. truncatula v. Daublierii.* Moq.-Tand. *Hist moll.* t. II, p. 474, 1855. — A peine distinct du précéd. par sa forme plus rétrécie, sa spire plus allongée, son ouverture plus étroite proportionnellement et moins haute. Haut. 8-10 mill.; diam. 3-4 mill. — St-Juvat (Côtes-du-Nord), où cette esp. est fort rare. (Mab.).

123. **L. palustris** (*Buccinum*) Mull. *Verm. hist.* II, p. 131. 1774. — Animal noirâtre, ponctué, à tentacules triangulaires, acuminés au sommet. — Coquille ovoïde-oblongue, brunâtre, presque opaque (surtout dans la var. *Corvus* qui, en même temps, est plus grande); 6-7 tours de spire conoïde-allongée, à sutures bien marquées, le dernier grand; ouverture ovale, peu anguleuse supérieurement, ayant environ de haut. le 1/3 de la haut. totale, non bordée, à bord columellaire tordu recouvrant la fente ombilicale. Haut. 20-30 mill.; diam. 9-13 mill. C.

124. **L. leucostoma** (*Bulimus*) Poir. *Prodr.* p. 107. 1801. *L. glabra* (*Helix*). Gmel. *Syst. nat.* p. 3658. 1788. — Animal gris-foncé, plus pâle en dessous, à tentacules triquêtres, terminés au sommet en pointe mousse. — Coquille allongée, turriculée, mince, transparente, cornée; 7-8 tours de spire à sommet pointu, le dernier médiocre; ouverture ovale, peu aigüe supérieurement, médiocre, égalant le 1/4 de la haut. totale, bordée d'un bourrelet blanc, à bord columellaire peu tordu. Haut. 15-20 mill.; diam. 5-8 mill. — Vallée de la Vilaine, surtout au-dessous de Redon vers Craon ! le Passage-Neuf ! etc. Env. de Nantes ! (Caill.). de Vannes (Taslé); la Manche (Macé). Moins C. que le précéd.

Genre XXI. **ANCYLUS** Geoff. *Coq. Paris.* p. 122. 1767.

Animal court, non spiral, ovoïde ou conoïde à tentacules courts munis sur leur côté externe d'un appendice foliacé, auriforme; orifices anal et respiratoire du côté gauche; du même côté les orifices génitaux; celui de la verge, qui est très-grosse, en arrière du tentacule gauche, celui de la vulve dn même côté, au-dessous de l'appendice tentaculaire. — Coquille capuliforme, conique, un peu élevée, à sommet aigu plus ou moins recourbé, plus ou moins dextre, à ouverture arrondie.

125. **A. fluviatilis** Mull. *Verm. hist.* II, p. 201. 1774. — Animal grisâtre. — Coquille conique, patelliforme (en forme de bonnet phrygien Moq.-Tand.) plus ou moins déprimée ou convexe suivant les var., cornée. Haut. 3-5 mill. ; diam. : grand, 5-8 mill. petit 3-8 mill. — Vit fixé sur les pierres, les cailloux, dans les ruisseaux d'eau pure et courante. C. — Esp. essentiellement polymorphe, et qui doit à ses formes multiples et variables d'avoir été démembrée en une foule d'esp. plus ou moins distinctes, qui généralement n'ont pas été adoptées. Nous renvoyons pour leur nomenclature au travail spécial de M. Bourguignat (*Not. sur le G. Ancylus* in *Journ. conch.* IV, p. 55, 168. 1853. Paris.

GENRE XXII. **VELLETIA Gray,** *Shells brit.* p. 230. 1840.

Car. du genre ANCYLUS. S'en distingue par la position diamétralement opposée des orifices anal, pulmobranche et sexuels qui s'ouvrent à droite, non à gauche. — Coquille moins conique, plus déprimée, à sommet peu élevé, un peu senestre, à ouverture elliptique.

126. **V. lacustris** (*Patella*) Lin. *Syst. Nat.* Ed. X, I, p. 783. 1758. *Ancylus* Mull. *Verm. hist.* II, p. 199. 1774. — Coquille semi-ovoïde, cymbiforme (en forme de nacelle renversée Moq.-Tand.) , cornée. Haut. 2-3 mill. ; diam grand 5-6 mill. petit 2-3 mill. — Vit sur les plantes aquatiques. — Dinan, la Rance (Mab.). Morb.: la Noë p. Vannes (Taslé); L.-Inf.: Le Loroux, etc. (Caill.). Manche: Colomby (Macé). R.

TRIBU II. OPERCULÉS.

Gastéropodes pouvant clore complètement l'orifice de leur coquille à l'aide d'une pièce calcaire ou cornée attachée au dessus de la partie postérieure du pied. (1)

ORDRE I. OPERCULÉS PULMONÉS MOQ.-TAND.

Operculés unisexués, bitentaculés, respirant l'air en nature à l'aide d'une cavité pulmonaire. — Coquille extérieure, spirale, globuleuse ou subconoïde. — *Esp. terrestres.*

Fam. unique. CYCLOSTOMIDÆ Gray, ex Turt. Shells brit. p. 102. 1840.

Deux tentacules, oculifères à leur base externe ; orifices anal et pulmonaire à droite ; du même côté, organes génitaux, celui du mâle nu et rentrant, au lieu de fourreau, dans la cavité pulmonaire, celui de la femelle au bord du manteau. — Coquille dextre, à péristome non denté, continu; opercule calcaire ou corné.

(1) On ne saurait confondre l'*opercule* qui est une dépendance de l'animal avec le *clausilium* élastique des clausilies qui n'est qu'une dépendance de la coquille.

GENRE XXIII. **CYCLOSTOMA Lam.** *An. s. Vert.* t. VI, II, p. 142. 1822.

Coquille ovoïde ou subturriculée, à tours de spire arrondis ; ouverture ronde à bords continus, sur lesquels s'applique exactement l'opercule.

127. **C. elegans** Drap. *Tabl. moll.* p. 38. 1801. — Animal oblong, noirâtre, plus pâle en dessous. — Coquille ovoïde, réticulée par des stries longitudinales et des hachures transversales formant réseau avec les premières, solide, opaque, blanchâtre, fasciée de bandes brunâtres ou violacées, continues, interrompues ou réduites à des points, parfois unicolore, blanchâtre (v. *albescens* Desmoul.), jaunâtre (v. *ochroleuca*) ou violacée (v. *violacea*) ; 4-5 tours de spire convexes à sutures profondes ; opercule calcaire. Haut. 13-16 mill.; diam. 10-12 mill. — Sous les haies, dans les bois, etc. Falaises de Dinard vers la plage nord des bains (Bourg.); vallée de la Rance, Dinan ! (Mab.). Morb. : Arradon, etc. (Taslé) ; Loire-Inf. : Mauves ; etc. (Caill.). — R.

Obs. — Le *C. maculatum* (Drap. *Hist. moll.* p. 39. 1805.) indiqué en Bretagne, dans le Finistère, par M. Collard des Cherres, se reconnaîtrait à sa coquille conoïde-turriculée, blanchâtre ou maculée de brun, et à son opercule corné. — A retrouver ?

Le genre ACME Hartm. *Syst. Gastér.* p. 37. 1821. diffère du genre CYCLOSTOMA : l'animal, par la verge extérieure située derrière le tentacule droit (Moq.-Tand.) , la coquille, par sa taille très-petite , sa transparence, ses tours de spire très-peu saillants, son ouverture ovale , supérieurement anguleuse. Moquin-Tandon (*fide* Kindelan) indique dans le Finistère, une esp.

de ce genre qui est répandue dans une grande partie de la France, mais assez difficile à recueillir, au pied des murs, sous les mousses. C'est l'*A. fusca* (Beck. *Ind. moll.* . p. 101. 1838), très-petite coquille pupiforme, luisante, roussâtre, à péristome bordé d'un bourrelet brun.

ORDRE II. OPERCULÉS BRANCHIFÈRES MOQ.-TAND.

Operculés unisexués ou hermaphrodites, bitentaculés, respirant dans l'eau à l'aide de branchies diversement disposées. Coquille extérieure, plus ou moins spirale, globuleuse ou subconoïde. — Esp. fluvio-lacustres.

Fam. I. PALUDINIDÆ Gray, in Turt. Shells brit. p. 79. 1840.

Animal unisexué ; tentacules oculifères à leur base externe ; branchies toujours intérieures, pectiniformes. — Coquille ovoïde, à spire allongée, saillante ; opercule corné, sans apophyse.

GENRE XXIV. **BYTHINIA Gray,** in Turt. *Shells brit.* p. 90. 1840.

Car. du genre PALUDINA. — Taille beaucoup plus petite ; tentacules plus allongés, tous deux de même grosseur chez le mâle (la verge étant située derrière le tentacule droit); yeux sessiles à la base des tentacules; branchies 1-sériées. — Coquille souvent salie par des algues, des incrustations limoneuses. — Hab. les ruisseaux, les petits cours d'eau, les douves de marais, les étangs.

A. Stries de l'opercule formant une spirale à sommet excentrique. (**BYTHINELLA** Moq.-Tand. *Journ. conchyl.* p. 239. 1851).

128. **B. similis** (*Cyclostoma*) Drap. *Hist. moll.* p. 34. 1805. *Hydrobia* Dup. *H. moll.* v, p. 552. 1855. — Coquille cornée ou roussâtre ; 4-5 tours de spire convexes, à sutures profondes, le dernier dépassant les 2/3 de la haut. totale. Haut. 3-5 mill.; diam. 2-3 mill. — Loire-Inf.: Douves du château de Coislin p. Campbon ! (Caill.). Morb. : Belle-Ile en mer (Mab.). — RR.

B. Stries de l'opercule, concentriques à nucleus central. (**ELONA** Moq.-Tand. *H. moll.* t. II, p. 527. 1855).

129. **B. Leachii** (*Turbo*) Shepp. *Descr. Brit. shells*, in *Trans. Linn.* XIV, p. 152. 1823. — Diffère du suiv. par la coloration plus pâle de l'animal, par la coquille qui est moins haute (à peine 10 mill.) et proportionnellement plus ventrue, à sutures plus profondes, enfin par la fente ombilicale très-petite, mais visible encore, tandis qu'elle ne l'est plus dans le *B. tentaculata*. — Env. de Rennes (Duval), de Redon ! de Dinan (Bourg.), de Nantes (Caill.) etc. PC. — Le *B. Michaudii* édité par M. Duval de Rennes (*Rev. zool.* p. 211, 212. 1845), ne diffère pas spécifiquement du *B. Leachii*.

130. **B. tentaculata** (*Helix*) Lin. *Syst. nat.* éd. X, I, p. 774. 1758. — *Paludina impura* Lam. *A. s. vert.* VI, II, p. 175. 1822. — Animal gris foncé, souvent presque noir, maculé de points dorés, plus ou moins

visibles. — Coquille ovoïde ou subconoïde, cornée ou jaunâtre, à peine transparente ; 5-6 tours de spire peu convexes, à sutures peu profondes , à sommet un peu aigu, le dernier grand ; ouverture arrondie en bas, anguleuse en haut, à bord columellaire cachant complètement la fente ombilicale. — Haut. 10-14 mill.; diam. 6-8 mill. AC.

Obs. — Le *B. muriatica* Lam. (*Hydrobia ulvæ* Penn.) indiqué par M. Macé (*Cat. moll. Cherb.*) parmi les esp. d'eau douce et commun d'ailleurs sur nos côtes est véritablement un mollusque marin, aussi bien que les *Hydrobia ventrosa* et *H. subumbilicata* de Montagu.

Genre XXV. **PALUDINA Lam.** *An. s. vert.* vi, ii, p. 172. 1822.

Animal unisexué, spiral ; une trompe rétractile en avant des mâchoires qui sont au nombre de 2, latéralement disposées ; yeux attachés à une petite hauteur de la base des tentacules par un pédicelle très-court , souvent peu visible ; tentacules égaux seulement chez les individus femelles, chez les mâles le droit du double plus gros que le gauche et servant de fourreau à la verge ; branchies 3-sériées, pectiniformes. — Coquille dextre, grande, subconoïde ; tours de spire convexes, le dernier grand ; ouverture subarrondie, un peu anguleuse en haut ; péristome continu.

Les paludines sont ovovivipares ; nous avons souvent trouvé dans l'oviducte une soixantaine de fœtus bien formés. Nous avons compté 28 jours entre la fécondation et la parturition chez des individus élevés en domesticité.

Spallanzani et, après lui, d'autres naturalistes ont prétendu qu'un accouplement fécondant suffisait, comme chez les pucerons, à plusieurs générations. Nous ne le croyons pas : des paludines sequestrées depuis leur naissance sont toujours restées infécondes.

Les paludines s'accouplent plusieurs fois dans le cours de l'été. Cependant, et bien que les 2 esp. citées ici soient très-voisines, nous n'avons jamais pu réussir à obtenir entre elles un accouplement hybride.

131. **P. vivipara** Lam. *An. s. Vert.* Ed. Deshayes, VIII, p. 510. (*non* Moq.-Tand.) — *P. contecta* Moq.-Tand. *H. moll.* II, p. 532. — Animal brunâtre, maculé de points dorés. — Coquille ovoïde-allongée, subconoïde, verdâtre, très-obscurément fasciée de bandes brunes peu distinctes ; 5 tours de spire convexes à sutures marquées ; ombilic un peu visible. Haut. 35-40 mill. ; diam. 20-26. — Canaux, rivières, douves profondes des marais. — Env. de Redon : dans le canal de Nantes à Brest ! l'Oult ! la Vilaine ! le Don ! etc.; la Loire et ses affluents, etc. — AC. par localités.

132. **P. achatina** Lam. *An. s. Vert.* Ed. Desh. VIII, p. 512. *P. vivipara* Moq.-Tand. *H. moll.* II, p. 535. (*non* Lam.). — Coquille blanchâtre ou grisâtre, ovoïde-conique, moins allongée que la précéd. ; 6 tours de spire convexes, à sutures très-profondes, les derniers distinctement fasciés de bandes brunes bien marquées ; bord columellaire réfléchi sur l'ombilic qu'il cache complètement. Haut. 30-35 mill. ; diam. 20-23 mill. — Bassin de la Loire qu'elle ne semble pas dépasser vers l'Ouest.

Fam II. VALVATIDÆ Gray, in Turt. Shells brit. p.79. 1840.

Animal androgyne ; tentacules très-longs oculifères à leur base interne ; branchies disposées en forme de panache et pouvant sortir hors de la cavité branchiale. — Coquille ombiliquée (*ici*), à spire plus ou moins courte ; opercule corné à stries concentriques, sans apophyse.

Genre XXVI. **VALVATA** Mull *Verm. hist.* II, p. 198. 1774.

Tête plus ou moins proboscidiforme ; 2 mâchoires latérales ; en arrière des tentacules, à droite, un appendice cylindrique, contractile, tentaculiforme.

a. Coquille ovoïde ou subconoïde.

I. *Diamètre de la coquille égalant* 4-5 *mill.*

133. **V. piscinalis** Mull. *Verm. hist.* II, p. 172. 1774. — Coquille blanchâtre ou verdâtre ; 4-5 tours de spire, le dernier atteignant les 3/4 de la haut. Haut. 6-7 mill.; diam. 5-6 mill. — Ruisseaux, douves des marais. Redon ! Dinan (Mab.), etc. — La moins R. de nos valvées.

II. *Diamètre de la coquille ne dépassant pas* 1 *mill.*

134. **V. minuta** Drap. *H. moll.* p. 42. 1805. —

Coquille grisâtre ; 3 tours de spire, le dernier atteignant les 4/5 de la haut. Haut. 1 mill.; diam. un peu moins de 1 mill. — Loire-Inf. : AC. ? mais difficile à trouver (Caill.).

b. Coquille planorbique ou discoïde.

135. **V. cristata** Mull. *Verm. hist.* II, p. 198. 1774. — Coquille roussâtre ; 3 1/2 tours de spire, tous visibles par l'ombilic qui est énorme. Haut. 1 mill.; diam. 3-4 mill. — Marais de Redon ! vallée de la Rance, (Mab.) ; Ste-Claire p. Derval ! Mauves, etc., commun dans la Loire-Inf. (Caill.). — R.

Fam. III. NERITIDÆ Turt. Shells brit. p. 10. 1831.

Animal unisexué ; tentacules pointus, oculifères à leur base externe ; une seule branchie pectiniforme, toujours intérieure. — Coquille non ombiliquée, globuleuse, à spire 0 ou très-courte, non saillante ; bord columellaire horizontal, tranchant, septiforme ; bord droit sans dents ; opercule calcaire s'articulant avec la columelle, à l'aide d'une apophyse latérale.

Genre XXVII. **NERITINA Lam.** *An. s. Vert.* VI, II, p. 182. 1822.

Deux mâchoires verticales, l'une en haut, l'autre en bas ; chez le mâle, verge ensiforme, en dedans et en avant du tentacule droit ; chez la femelle, vulve s'ouvrant sous la partie antérieure du manteau.

136. **N. fluviatilis** Lam. *An. s. Vert.* vi, ii, p. 188. 1822. *Nerita* Lin. *Syst. nat.* Ed. x, i, p. 777. 1758. — Animal jaunâtre, épais, ramassé, à pied très-court. — Coquille globuleuse, plus ou moins mince, opaque, très-variable dans sa taille et sa coloration, verdâtre ou jaunâtre, linéolée de zigzags foncés ou brunâtres (*type*), parfois unicolore, tirant sur le vert (v. *virescens*) ou le brun (v. *nigricans*) ; 2-3 tours de spire, le dernier énorme, formant presque toute la coquille ; ouverture semi-lunaire, à columelle aplatie, droite, tranchante, à péristome très-mince. Haut. 4-8 mill.; diam. grand 7-12 mill.; petit 6-7 mill. Vit dans les rivières, fixée aux pierres, aux bois submergés. — La Loire et ses affluents ! Nantes (Caill.) et au-dessus ; se retrouve dans l'Elorn à Landerneau (Coll. des Ch., Bourg.). — Esp. excessivement abondante où elle se plaît, mais préférant toujours les localités calcaires. Nous avons vu, sur les berges de la Seine, à Paris et ailleurs, des sables retirés du fleuve et formés presque uniquement de cette jolie coquille, dont les dessins, à l'air et au soleil, devenaient souvent d'un beau rose.

CLASSE II. MOLLUSQUES ACÉPHALÉS.

Tête, tentacules et yeux 0 ; manteau bilobé ; une expansion (*pied*) charnue, linguiforme ou sécuriforme, servant à la reptation ; respiration branchiale s'exécutant à l'aide de lamelles disposées par paires de chaque côté du corps ; reproduction ovovivipare. — Coquille extérieure, formée (*ici*) de deux pièces ou *valves* s'ouvrant et se fermant à l'aide d'un *ligament* ordinairement corné.

Fam. I. UNIONIDÆ Gray, In Turt. Shells brit. p. 277. 1840.

Manteau ouvert en avant, (1) en bas et en arrière ; pied grand, sécuriforme ; byssus 0 ; pas de siphons ni anal ni respiratoires. — Coquille régulière, inéquilatérale, à sommets dorsaux antérieurs, souvent excoriés, à ligament extérieur, très-grande (dépassant toujours 40 mill.), comprimée ; impressions musculaires bien distinctes.

Genre XXVIII. **ANODONTA Lam**. *Mém. soc. hist. nat. Paris.* p. 87. 1799.

Car. du genre UNIO. S'en distingue par la coquille généralement très-mince et qui n'offre pas de dents à la charnière, mais seulement une lamelle plus ou moins rudimentaire.

---

(1) Rappelons en passant que, suivant dans nos descriptions la méthode le plus généralement admise, nous considérons le bivalve comme marchant à nous : la coquille se trouve alors placée sur le bord tranchant des valves ; de ce bord que nous appelons *inférieur* au bord opposé (bord *supérieur* ou *dorsal*) où, d'ordinaire, se trouve la charnière, nous mesurons la *hauteur* de la coquille, son *épaisseur* de la partie la plus convexe (*ventre*) d'une valve au ventre de l'autre, sa longueur du bord *antérieur* au bord *postérieur*.

Les Anodontes habitent les rivières, les étangs, les eaux profondes et, de préférence, un peu vaseuses.

A. Longueur de la coquille n'atteignant pas 11 cent.,

I. *Valves sensiblement bâillantes dans leur partie inféro-postérieure.*

137. **A. Gratelupæana** Gass. *Moll. Agen.* p. 193. 1849. — Animal grisâtre, à branchies d'un gris livide. — Coquille épidermée, luisante, d'un beau vert d'émeraude, élégamment ornée de bandes jaunâtres ou roussâtres, ovale-oblongue ; bord antérieur arrondi, l'inférieur arqué, baillant, le supérieur s'élevant graduellement d'avant en arrière et formant au-delà du ligament une carène dorsale, anguleuse, comprimée ; postérieurement un rostre court s'arrondissant à sa jonction avec le bord inférieur et rejoignant la carène postéro-dorsale par une ligne droite, oblique, qui forme avec elle un angle d'environ 130° ; impressions musculaires et palléales peu marquées ; nacre irisée, un peu azurée ou carnée. Long. 8-10 cent. ; haut. 4,5-5,5 cent. ; épais. 2-3 cent. — Loire-Inf. : la Loire à Nantes ! (Caill.) ; env. de Dinan (Mab.). RR.

II. *Valves non bâillantes.*

138. **A. piscinalis** Nills. *Moll. Suec.* p. 116. 1822. (non Gassies). *A. variabilis* Moq.-Tand. *Hist. moll.* II, p. 561. 1855. — Animal jaunâtre, à branchies d'un gris foncé. — Coquille un peu épaisse, brunâtre ou verdâtre, ornée de bandes transverses plus foncées et de sillons inégaux, peu profonds, ovale, un peu rhomboïdale, assez haute ; bord antérieur subarrondi, l'inférieur presque droit, le supérieur formant en arrière des sommets une

carène allongée, élevée, comprimée, anguleuse ; postérieurement un rostre long, cunéiforme, tronqué à l'extrémité ; sommets assez élevés, situés vers le premier quart de la long.; impressions musculaires et palléales peu distinctes ; nacre un peu azurée. Long. 8-10 cent.; haut. 6-7 cent. ; épais. 2,5-3,5 cent. — Marais de Redon ! La Rance à Pont-Perrin (Mab.).; Morb.: l'Oult à St-Congard (Docteur Fouquet) ; Loire-Inf. : La Loire ! la Sèvre, etc. (Caill.). PC.

139. **A. anatina** Lam. *An. s. vert.* VI, I, p. 85. 1819. (non Drap.). — Animal comprimé, grisâtre. — Coquille mince, d'un vert clair ou jaunâtre avec des bandes transverses, roussâtres, sillonnée de rides assez profondes, inégales, ovale-oblongue , peu ventrue ; bord antérieur arrondi, l'inférieur bien arqué, le supérieur formant en arrière des sommets une carène courte, comprimée, peu anguleuse ; rostre assez court, tronqué ; sommets très-peu élevés, situés un peu en avant le premier quart de la long. totale ; impressions musculaires bien distinctes, les palléales un peu marquées ; nacre d'un blanc irisé. Long. 6,5-8 cent.; haut. 3,5-4,5 cent. ; épais. 2-3 cent. — Marais de Redon ! la Vilaine ! l'Oult ! le Don ! la Loire et ses affluents; etc. — AC.

140. **A. Arelatensis** Jacq. *Guide voy. Arl.* p. 125. 1835. *A. ovalis* Mich. et Pot. *Gal. Douai*, p. 145. 1844. — Ne diffère du précéd. (auquel certains conchyliologistes le rattachent à titre de simple var.) que par sa coloration plus roussâtre, sa forme régulièrement ovale et bien comprimée, par son bord postérieur moins rostré et ses sommets un peu plus antérieurs. — Avec l'*A. anatina*, dans la Loire ! (Caill.).

B. Long. de la coquille dépassant 11 cent.

I. *Coquille un peu épaisse ; carène dorsale plus ou moins développée ; sommets excoriés, un peu saillants, et dont la place ne dépasse pas le 1/4 de la longueur de la coquille ; lamelle de la charnière à peine distincte.*

141. **A. Dupuyi** R. et Dr. in *Rev. zool.* p. 14. 1849. — Animal grisâtre, un peu épais, à branchies jaunâtres. — Coquille verdâtre, marquée de bandes brunâtres et de stries d'accroissement bien distinctes, inégales, ovale-oblongue, assez ventrue ; bord antérieur presque droit, arrondi et non anguleux à sa jonction avec les bords inférieur et supérieur ; carène antéro-dorsale 0, la postéro-dorsale courte, à peine comprimée, peu anguleuse ; rostre court, tronqué ; bord inférieur un peu arqué et se relevant brusquement en arrière ; impressions musculaires et palléales un peu marquées ; nacre d'un blanc irisé un peu livide. — Long. 11-12 cent.; haut. 5-7 cent.; épais. 3,5-4,5 cent. La Rance à Dinan (Mab.); Penmur p. Muzillac (Taslé). — RR.

142. **A. Rossmæssleriana** Dup. *Moll. Gers*, p. 74. 1843. — Intermédiaire entre le précéd. et le suiv. — Coquille moins haute et plus allongée que dans l'*A. Dupuyi* ; rostre plus long proportionnellement ; bord antérieur non anguleux à sa jonction avec le bord supérieur. — La Rance à Dinan, un seul individu. (Mab.); Morb.: Erdeven (Dr Hémon. — RR.

143. **A. ponderosa** Pfeif. *Deutsch. moll.* II, p. 31. 1845. — Animal épais, jaunâtre, à branchies grisâtres. — Coquille épaisse, brunâtre, marquée de bandes transverses plus foncées et de stries d'accroissement bien distinctes, ovale-oblongue, ventrue ; bord antérieur arrondi inférieurement, mais anguleux à sa jonction

avec le bord supérieur ; celui-ci présentant en avant du ligament une crète comprimée et, en arrière, une carène postéro-dorsale assez courte et se continuant, par un angle peu marqué avec la ligne supérieure du rostre qui est allongé, tronqué ; bord inférieur peu arqué, largement arrondi en arrière ; impressions musculaires et palléales distinctes ; nacre d'un blanc azuré. Long. 12-14 cent.; haut. 6-7 cent.; épaiss. 4-5 cent. — La Rance à Dinan (Mab.); La Loire ! (Caill.). R.

II. *Coquille mince ; carène dorsale* 0 *ou à peine indiquée; sommets peu excoriés, à peine saillants, et situés vers le premier tiers de la long. totale ; lame de la charnière bien visible.*

144. **A. cycnea** (*Mytilus*) Lin. *Syst. nat.* Ed. x, t. I, p. 706. 1758. — Animal grand, comprimé, jaunâtre, édule. — Coquille très-grande, légère, quelquefois verdâtre avec des rayons plus clairs (v. *radiata* Mull.) plus souvent brunâtre ou olivâtre, marquée de bandes transverses plus foncées et de stries inégales, rugueuses, très-distinctes, ovale, ventrue (surtout dans la v. *ventricosa* Pfeif.); bord antérieur arrondi, l'inférieur un peu arqué, parfois retus ou un peu onduleux, le supérieur non anguleux en avant, et, en arrière, se continuant sans angle marqué en un rostre un peu allongé, postérieurement subarrondi ; sommets peu élevés, situés au tiers antérieur de la long.; impressions musculaires et palléales peu marquées ; nacre brillante, irisée, un peu azurée, se couvrant parfois, après la mort de l'animal, d'une efflorescence blanchâtre, calcaire. Long. 16-18 cent.; haut. 9-11 cent. ; épais. 6-8 cent. — Etang de Vial p. Redon ! Loire-Inf. : St-Gildas-des-Bois ! etc. Morb.: Keralio p. Muzillac (Taslé); Manche : St-Sauveur (Macé) etc. — AC. par local.

145. **A. arenaria** (*Mya*) Schrot. *Fluss. conch.* p. 165. 1779. *A. Cellensis* Pfeif. *Deutschl. moll.* I, p. 110. 1821. — Coquille ovale-oblongue, plus allongée que dans l'*A. cycnea* ; bord antérieur arrondi, le supérieur et l'inférieur droits, horizontaux, presque parallèles; rostre allongé, presque anguleux postérieurement ; sommets situés un peu en avant du premier tiers de la long. Long. 15-18 cent.; haut. 7-9 cent.; épaiss. 5-7 cent. La Rance à Dinan, à Pont-Perrin ; étang de Jugon (Mab.) ; Morb.; env. de Malestroit (Bourg.); Loire-Inf.: l'Erdre à Nort ! etc. PC.

146. **A. intermedia** Lam. *An. s. vert.* t. VI, I, p. 86. 1819. — *A. oblonga* Mill. *Mém. soc. agr. Ang.* I, p. 242. 1831. — Distinct du précéd. par sa haut. moindre, ce qui lui donne une forme allongée, oblongue; bord antérieur moins largement arrondi, le supérieur et l'inférieur un peu arqués ; rostre obliquement tronqué à son extrémité postérieure. — Avec le précéd. RR.

GENRE XXIX. MARGARITANA Schum. *Essai syst. test.* p. 123. 1817.

Animal unioniforme. — Coquille épaisse, équivalve à ligament extérieur ; 1 dent postérieure à la valve droite, mais non lamelliforme, et n'étant jamais reçue dans une fossette correspondante à la valve gauche.

147. **M. margarifera** *Cat. extram. test.* n° 213. 1849. *Unio* Philips. *Nov. test. gen.* p. 16. 1788. (Non Nills.) — Animal... — Coquille épaisse d'un brun foncé, oblongue; bord antérieur arrondi, l'inférieur peu arqué, parfois onduleux-sinueux, le supérieur arqué ; sommets excoriés, peu élevés, situés vers le premier tiers de la long.;

impressions musculaires et palléales très-marquées ; nacre irisée. — Long. 9-10 cent.; haut. 3,5-4,5 cent.; épaiss. 2-3 cent. — Dans les rivières du Finistère, l'Odet à Quimper ! l'Elorn à Landerneau, l'Aven (Bourg.) ; le Morb. dans l'Ellé (J.-M. Sacher) et le Blavet (Taslé). — Dans la Manche (de Roissy, Macé) la v. *Roissyi*, à bord inférieur droit, le supérieur peu arqué, plus large postérieurement (Moq.-Tand). — Cette esp. fournit parfois d'assez belles perles.

Genre XXX. **UNIO Phil.** *Nov. test. gen.* p. 16. 1788.

Animal assez épais, édule quoique fade et coriace. — Coquille épaisse, inéquilatérale équivalve; une dent postérieure, à la valve droite, lamelliforme et reçue, à la valve gauche, entre deux lamelles correspondantes.

Les Unio (vulgt. *Mulettes*) hab. les eaux profondes, courantes, limpides, les canaux, les rivières, où, comme les *Anodontes*, ils aiment à ramper à l'aide de leur pied, laissant derrière eux un sillon étroit, profond, dans le sable ou la vase du fond.

A. Lamelle de la valve droite épaisse, non comprimée en crête,

1. *Long. de la coquille dépassant* 12 *cent.*

148. **U. sinuatus** (*sinuata*) Lam. *An. s. vert.* VII, I, p. 70. 1819. — Coquille épaisse, d'un brun foncé, oblongue ; bord antérieur arrondi, l'inférieur sinueux, comme échancré à sa partie médiane, le postérieur allongé, presque rostriforme, tronqué en arrière, le supérieur très-arqué ; sommets un peu proéminents situés

vers le premier quart de la long. ; dents et lamelles de la charnière denticulées en scie ; impressions bien visibles. Long. 13-15 cent.; haut. 7-8 cent.; épaiss. 3,5-4,5 cent. — Indiqué dans le haut de la Loire, d'où peut-être il descendra quelque jour jusqu'à nous.

II. *Long. de la coquille n'atteignant pas 9 cent.*

149. **U. littoralis** Cuv. *Tabl. élém.* p. 425. 1798. *U. rhomboïdeus* Moq.-Tand. *Hist. moll.* II, p. 568. 1855. — Coquille très-épaise d'un brun foncé, ovale-arrondie (*type*), ovale-oblongue (v. *elongatus*) ou subtriangulaire (v. *Draparnaudi*); bord antérieur plus ou moins arrondi, parfois presque anguleux à sa jonction avec le bord supérieur qui est arqué et très-fuyant postérieurement dans la v. *Draparnaudi* ; bord inférieur peu arqué, presque droit parfois subsinueux ; sommets ordinairement excoriés, tuberculeux ; dents très-fortes, denticulées en scie ; impressions très-marquées ; nacre d'un blanc plus ou moins azuré, carné dans la v. *pianensis*. Long. 7-8 cent.; haut. 4,5-6 cent.; épais. 2,5-3,5 cent. Bassins de la Loire, de la Vilaine, de la Rance, etc. — C.

150. **U. subtetragonus** Mich. *Compl.* p. 111. 1831. — Ne diffère du précéd. que par sa forme subquadrangulaire, ses sommets un peu plus avancés, son bord postérieur moins arrondi. Avec le précéd. — AR.

B. Lamelle de la valve droite mince. comprimée en crête.

I. *Coquille plus ou moins ovale ; bord postérieur non rostriforme.*

151. **U. crassus** Philips. *Nov. test. gen.* p. 17. 1788. — Coquille très-ventrue, très-épaisse, brune, ovale-sub-

tétragone ; bords antérieur et postérieur obtusément arrondis, subtronqués ; bord inférieur droit, le supérieur à peine arqué ; sommets déprimés, excoriés. Long. 6,5-8 cent. ; haut, 3-4 cent.; épaiss. 3-3,5 cent. — La Mayenne dans l'Erve (Bourg. *ap.* Moq.-Tand.).

152. **U. ovalis** Gray, *in* Turt. *Shells brit.* p. 297. 1840. — Animal grisâtre, assez comprimé. — Coquille peu ventrue, assez épaisse, brunâtre, unicolore ou obscurément ornée de rayons plus foncés, verdâtres, largement ovale ; bords antérieur et postérieur largement arrondis, l'inférieur et le supérieur arqués ; sommets un peu saillants, plus ou moins excoriés. Long. 4-5,5 cent.; haut. 2,5-3 cent.; épais. 1,5-2 cent. — La Loire ! la Sèvre (Caill.). R. — Il faut sans doute rapporter à cette esp. *l'Unio batavus* Mat. et Rack. trouvé à St-Juvat (Côtes-du-Nord) par M. Mabille.

153. **U. Requienii** Mich. *Compl.* p. 106. 1831. — Animal jaunâtre. — Coquille ventrue, épaisse, brunâtre, oblongue ; bord antérieur arrondi, l'inférieur droit subsinueux, le postérieur arrondi, subrostriforme; ligne supérieure formant (en arrière des sommets qui sont un peu saillants et, en général, un peu excoriés), un angle obtus, pour rejoindre le bord supéro-postérieur ; impressions musculaires très-profondes, les palléales bien marquées ; nacre d'un blanc azuré ou un peu carné. Long. 5,5-7 cent.; haut. 3-4 cent.; diam. 2-3 cent. — Marais de Redon ! l'Oult, à St-Perreux ! St-Congard ! (Dr Fouquet). — R.

II. *Coquille plus ou moins cunéiforme, avec un rostre postérieur plus ou moins allongé.*

154. **U. pictorum** (*Mya*) Lin. *Syst. nat.* Ed. x, I, p. 671. 1758. — Animal jaunâtre à pied allongé, carné ou roussâtre. — Coquille un peu ventrue, plus ou

moins mince, olivâtre ou jaunâtre avec des bandes transverses, brunes ou noirâtres, cunéiforme ; bord antérieur arrondi, l'inférieur presque droit, le postérieur formant un rostre plus ou moins allongé, tronqué à son extrémité. Long. 7-10 cent.; haut. 3-4,5 cent.; épais. 2,5-3,5 cent. — Bassins de la Loire, de la Vilaine, etc. — C.

155. **U. ponderosus** Spitz. *in* Rossm. XII, p. 31. 1844. *U. pictorum* var. Moq.-Tand. *Hist. moll.* II. p. 576. — Coquille plus ventrue, plus épaisse, plus développée dans toutes ses parties que l'*U. pictorum* ; rostre terminé postérieurement en pointe mousse. — Dans la Rance à Dinan, un seul individu (Mab.). — RR. — Intermédiaire entre le précéd. et le suiv.

156. **U. tumidus** Phil. *Nov. test. gen.* p. 17. 1788. — Animal blanchâtre, à pied allongé, de même couleur. — Coquille ventrue, assez épaisse, olivâtre ou brunâtre, unicolore ou obscurément ornée de rayons verdâtres et de zones foncées, cunéiforme ; bord antérieur arrondi, l'inférieur arqué, le postérieur formant un rostre allongé qui se termine en pointe aigüe. Long. 7, 5-10 cent. haut. 4-5 cent.; épaiss. 2,5-3,5 cent. — Dans la Rance, le Couesnon (Mab.): La Loire ! (Caill.). — R.

Fam. II. CYCLADIDÆ Gray, In Turt. Shells brit. p. 277. 1840.

Animal épais, ovoïde ; manteau fermé, mais présentant 3 ouvertures, l'une inférieure pour le passage du pied qui est ordinairement grand, sécuriforme, les deux autres postérieures pour les orifices anal et respiratoire, ce dernier s'ouvrant à l'extrémité d'un siphon contractile ; byssus 0. — Coquille régulière équivalve, à sommets dorsaux postérieurs, parfois submédians, assez rarement excoriés, petite ou médiocre, ventrue, épidermée ; impressions musculaires peu visibles. — L'étude de cette famille est fort difficile ; les deux genres qui la composent offrent des esp. excessivement voisines l'une de l'autre, et passant presque de l'une à l'autre, dans leurs nombreuses variétés, par des transitions graduées ; leurs caractères sans fixité semblent varier suivant les lieux, suivant les eaux. Il en est de même un peu de tous nos bivalves fluviatiles, les Anodontes, surtout les Mulettes dont les formes si variables paraissaient à M. Deshayes pouvoir être rangées sous une seule et unique esp.; mais la petitesse des Pisidies et des Cyclades vient ajouter une difficulté de plus aux difficultés déjà si nombreuses d'une détermination rigoureuse. — Ces petits bivalves hab. d'ordinaire les petits cours d'eau, les ruisseaux, les marais.

Genre XXXI. **PISIDIUM Pfeif.** *Nat. Deutschl. moll.* I, p. 17, 123. 1821.

Animal épais, à pied un peu étroit, plus ou moins court ; un seul siphon servant à la respiration. — Coquille petite, mince, inéquilatérale, à sommet légèrement postérieur ; charnière comme dans le G. Cyclas.

A. Coquille très-inéquilatérale.

I. *Dents latérales de la charnière grandes, épaisses ; sommets aigus munis d'un appendice lamelliforme.*

157. **P. Henslowanum** Shepp. *Desc. brit. shells, in*

trans. Linn. XIV, p. 149. 1823. — Coquille cornée, bien striée, ovale à bords arrondis, l'antérieur presque deux fois plus long que le postérieur ; sommets plus ou moins appendiculés. Long. 3,5-4 mill.; haut. 3 mill. ; épaiss. 2 mill. — Dinan, la Rance, (Mab.); Morb. : Belle-île en mer (Taslé) ; Loire-Inf. : Belle-île-sur-Edre ! (Caill.). — RR.

II. *Dents latérales de la charnière petites, minces; sommets obtus sans appendice lamelliforme.*

+. *Long. de la coquille dépassant 8 mill.; dents cardinales disposées en V renversé.*

158. **P. amnicum** (*Tellina*) Mull. *Verm. hist.* II, p. 205. 1774. — Coquille cornée, souvent bordée inférieurement d'une bande blanchâtre bien striée, ventrue, à sommets très-postérieurs assez élevés. Long. 8-12 mill. ; haut. 6,5-8. mill. ; épaiss. 5 mill. — Env. de Redon ! Vitré ! Dinan (Mab.); Vannes ! (Taslé); Nantes (Caill.) etc. A C.

++. *Long. de la coquille n'atteignant pas 7 mill.; dents cardinales non disposées en V renversé.*

159. **P. Cazertanum** Bourg. in *Voy. mer Morte, moll.* p. 80. 1853. — Coquille roussâtre ou cornée, finement striée, à sommets obtus, peu élevés, situés vers les 2/3 de la longueur de la coquille, inappendiculés. Long. 4-6 mill.; haut. 3,5-4 mill.; épaiss. 2,5 mill. Env. de Redon ! la Roche-Bernard ! Dinard (Bourg.); vallée de la Rance, Dinan, Jugon, Caulnes (Mab.) ; Morb.: Rochefort-en-Terre, etc. (Taslé) ; — Loire-Inf.: Orvault, le Cens, etc. (Caill.); Manche : Colomby, Valognes, etc. (Macé). — moins C. que le précéd.

B. Coquille à peine inéquilatérale.

I. *Coquille oblongue, plus longue que haute, à sommets médiocrement élevés peu ou point obtus.*

+. *Bords du siphon respiratoire, denticulés, comme frangés.*

160. **P. nitidum** Jen. *Monog. Cycl.* in *Trans. Camb* IV, p. 334. 1833. — Coquille cornée, peu striée, fragile, à sommets peu postérieurs. Long. 2,5-3,5 mill. ; haut. 2-2,5 mill.; épaiss. 2 mill. — Dinan (Mab.); Loire-Inf. : Indret, la Montagne (Caill.). — RR.

++. *Bords du siphon respiratoire entiers, non crénelés.*

161. **P. pusillum** Jen. *Mon. Cycl.* in *Trans. Cambr.* IV, p. 332. 1833. — En outre de ce caractère qui distingue bien l'animal des deux esp., le *P. pusillum* diffère du *P. nitidum* par sa forme plus équilatérale, beaucoup plus haute proportionnellement et par ses sommets beaucoup plus élevés, submédians. Long. 2,5-3,5 mill.; haut. 2-3 mill.; épaiss. 1-1,5 mill. — Ruisseau de la Morinaie au-dessous de la ferme de Bizet en Bains ! la Roche-Bernard ! Malestroit (Taslé) ; Dinard (Bourg.); Dinan, oseraies de Lehon (Mab.). — Non mentionné par M. Cailliaud dans le département de la L.-Inf. — R.

II. *Coquille presque transverse, aussi haute que longue à sommets très-élevés, très-obtus.*

162. **P. obtusale** Pfeif. *Deutschl. moll.* I, p. 125. 1821. — Coquille jaunâtre, subtrigone, à sommets très-renflés, peu postérieurs. Long. 2,5-4 mill.; haut. 3-4 mill.; épaiss. 2-3,5 mill. — Camsquel p. Vannes (R. P. Heude); env. de Brest (Bourg.). — R.

Genre XXXII. **CYCLAS Pfeif.** *Nat. Deutschl. moll.* I, p. 17, 19. 1821.

Animal ovoïde, épais ; pied plus ou moins large, allongé, dépassant la long. de la coquille ; deux siphons exsertiles, l'un servant d'anus, l'autre de trachée respiratoire. — Coquille médiocre, assez mince (*ici*), épidermée, à peine inéquilatérale, très-ventrue ; ligament postérieur ; dents cardinales 2 ou 1 dans la valve droite, 2 dans la valve gauche ; dents latérales doubles, lamelliformes.

Hab. comme les Pisidies.

A. Sommets non caliculés.

II. *Long. de la coquille dépassant* 20 *mill.; ligament extérieur, très-apparent.*

163. **C. rivicola** Leach. *in* Lam. *An. s. Vert.* v, p. 558. 1818. *Sphærium* Bourg. *Monog. Sph.* p. 12. 1854. Animal grand, grisâtre. — Coquille (la plus grande du genre), assez solide, d'un corné verdâtre ou roussâtre, zonée de bandes transverses plus foncées, parfois peu distinctes, ventrue, à bords arrondis ; ligament très-apparent ; nacre, d'un blanc plus ou moins azuré. Long. 25 mill. ; haut. 15-22 mill. ; épaiss. 12 mill. La Loire ! (Caill.). — RR.

II. *Long. de la coquille ne dépassant pas* 15 *mill.* ; *ligament ordinairement non apparent.*

+ ***Deux dents cardinales bien distinctes, rapprochées par leur sommet en V renversé.***

164. **C. cornea** (*Tellina*) Lin. *Syst. nat.* ed. x, I, p. 678. 1758. *Sphærium* Scop. *Intr. ad hist. nat.* p. 398. 1777. Coquille mince, cornée, zonée parfois d'une ou deux bandes marginales plus claires, ventrue, à bords arrondis ; nacre d'un blanc livide. Long. 10 mill.; haut. 8 mill.; épaiss. 6-7 mill. — A C. — On rencontre avec le type des var. *major* et *minor*. — La var. *nucleus*, plus globuleuse, en forme de noyau de cerise (Gassies) se trouve dans le Morb. à Plœmeur, p. Lorient (Dr Fouquet).

165. **C. rivalis** Drap. *Hist. moll.* p. 109. 1805. — Réunie par Moq.-Tand. à l'espèce précéd. dont pourtant elle diffère par sa taille plus grande, par sa forme moins largement ovale, à bords moins arrondis, et par ses sommets plus élevés, obtus. Nacre azurée. Long. 12 mill.; haut. 10 mill.; épaiss. 7-8 mill. — Avec le *C. cornea* et aussi C.

+ +. ***Deux dents cardinales (la postérieure de la valve droite rudimentaire ou avortée) non disposées en V renversé.***

166. **C lacustris** Drap. *Hist. moll.* p. 130. 1805. — Coquille mince, un peu comprimée, finement striée, roussâtre, unicolore ou ornée d'une bande marginale plus claire, ovale, à sommets saillants ; nacre d'un blanc grisâtre. Long. env. 7 mill.; haut. 5-6 mill.; épaiss. 3-4 mill. Dinan, etc. (Mab.) ; Conlo, Kermain p. Vannes ! (Taslé) ; Loire-Inf.: la Haute-Indre ! le Loroux, etc. (Caill.). — R.

B. Sommets caliculés.

II. *Long. de la coquille dépassant* 10 *mill.*

167. **C. caliculata** Drap. *Hist. moll.* p. 130. 1805. — Coquille mince, fragile, subquadrangulaire ou subrhomboïdale, roussâtre avec ou sans bandes marginales plus claires, peu ventrue, à sommets un peu élevés plus ou moins caliculés. Long. 10-12 mill. ; haut. 7-10 mill. ; épaiss. 5-6 mill. — Loire-Inf. Eaux dormantes dans les déversements de la Loire, Indret, Paimbœuf, etc. (Caill.) — La synonymie de cette esp. et de la précéd. est assez confuse, et il est assez difficile de répartir d'une façon bien nette l'habit. de l'une et de l'autre. Nous rattachons comme var. au *C. caliculata* (non au *C. lacustris*) la var. *Brochoniana* (*Sphærium Brochonianum* Bourg. *Monog. Sph.* p. 50. 1854), indiquée par M. Cailliaud dans les marécages du Haut-Paimbœuf (Loire-Inf).

II. *Long. de la coquille ne dépassant pas* 10 *mill.*

168. **C. Terveriana** Dup. *Cat. extram. test.* n° 87, 1849. *Sphærium* Bourg. *Amæn.* p. 6. 1853. — Bien distinct du précéd. par sa taille plus petite, par sa forme subtrigone qu'elle doit à l'élévation proportionnellement beaucoup plus forte de ses sommets qui sont renflés, obtus, plus ou moins caliculés. Morb. Trussac p. Vannes (Taslé). — R R.

Fam. I. DREISSENIDÆ Gray, in Turt. Shells brit. p. 277, 299. 1840.

Animal subtriquètre, mytiliforme ; manteau fermé

comme dans les *Cycladidæ* ; deux siphons courts, l'un pour la respiration, l'autre pour la défécation ; pied grêle, allongé, vermiforme, avec byssus. — Coquille mytiliforme, inéquilatérale, à sommets aigus antérieurs, terminaux, jamais excoriés ; impressions musculaires bien visibles.

Genre XXXIII. **DREISSENA Van Bened**. *Bull. acad. Sc. Brux.* 1, p. 105. 1834.

Car. de la famille.

169. **D. polymorpha** Van Bened. *Bull. acad. sc. Brux.* I, p. 105. 1834. — Animal gris foncé, oblong. — Coquille subtriquètre roussâtre, unicolore ou élégamment ornée de zigzags ou linéoles bruns plus ou moins effacés ; bord supérieur courbe, arrondi et formant une ligne convexe, l'inférieur rétu et formant une ligne concave ; valves bien carénées munies, sous leurs sommets qui sont aigus, d'une lamelle parallèle à leur bord ; ligament intérieur. Long. 40-50 mill. ; haut. 15-30 mill.; épaiss. 16-25 mill. — La Dreissène est la moule d'eau douce ; comme les moules marines, elle vit en société attachée par les fils noirâtres et tenaces de son byssus aux corps submergés, aux galets. Originaire du Volga, elle nous est venue par le nord de l'Europe, et s'est répandue en France, d'abord dans le bassin de la Manche. C'est ainsi qu'en 1866, nous-même la signalions dans la Seine à Changis au-dessous de la gare de Fontainebleau. Dès 1856, cette curieuse esp. était recueillie à Nantes, dans la Loire, où elle abonde, par M. Cailliaud. C'est en 1868 que nous l'avons découverte et fait connaître (v. *Bull. soc. polym. Morb.* 1868) dans le

bassin de la Vilaine à Rieux (Morbihan). Depuis lors nous en avons rencontré un banc assez compact, sur un palier caillouteux qui se trouve dans le même fleuve au-dessus de ce point, en amont de la Belle-Anguille, à quelques kilom. de Redon ; il est probable qu'on la découvrira ailleurs en Bretagne, surtout dans le canal de Nantes à Brest, où d'ailleurs, nous avons plusieurs fois récolté des coquilles vides de Dreissène, et où les transports de bois peuvent, comme dans le canal de Briare, facilement la propager.

CLEF DICHOTOMIQUE DES GENRES.

1. Animal nu ; coquille 0 ou rudimentaire, mais alors toujours intérieure 2
Coquille extérieure, formée de 1 ou 2 pièces calcaires 4

2. Coquille représentée par des granulations calcaires isolées ou agrégées sous la cuirasse. . . . . G. I. ARION. p. 6.
Coquille rudimentaire constituée par une plaque calcaire interne (*limacelle*) 3

3. Orifice pulmonaire situé en avant de la cuirasse; une glande mucipare caudale. . . . . G. II. GEOMALACUS. p. 8.
Orifice pulmonaire situé en arrière de la cuirasse; pas de glande caudale. . . . . G. III. LIMAX. p. 9.

4. Coquille formée d'une seule pièce (*Gastéropodes*) . . . 5
Coquille composée de 2 pièces ou valves articulées (*Acéphalés*) 29

5. Coquille rudimentaire, extrêmement petite, haliotiforme. . . . . G. IV. TESTACELLA. p. 12.
Coquille bien développée 6

6. Opercule 0. 7
Un opercule calcaire ou corné 24

7. Espèces terrestres 8
Espèces fluvio-lacustres. 20

8. Yeux situés en dedans des tentacules à leur base . . . . G. XVII. CARYCHIUM. p. 47.

Yeux situés en dehors des tentacules à leur sommet. 9

9. Coquille planorbique, déprimée ou globuleuse. . . . 10
Coquille turriculée, fusiforme, ovoïde ou cylindroïde 12

10. Coquille n'enfermant qu'incomplètement l'animal ; un balancier supérieur toujours en mouvement quand l'animal est en marche. G. V. Vitrina. p. 13.
Coquille enfermant complètement l'animal ; balancier 0 11

11. Mâchoire à bord plus ou moins rostriforme, sans côtes ni dents . . . . G. VII. Zonites. p. 16.
Mâchoire armée de côtes antérieures et de denticules marginales . . . . G. VIII. Helix. p. 20.

12. Coquille senestre, fusiforme, se fermant à l'aide d'un osselet élastique (*Clausilium*) mobile par son pédicule sur la columelle . G. XIII. Clausilia. p. 40.
Clausilium 0 13

13. Tentacules 2 ; yeux 2. . . G. XVI. Vertigo. p. 44.
Tentacules 4 ; yeux 4. 14

14. Coquille dextre 15
Coquille senestre 19

15. Animal trop grand pour pouvoir s'enfermer complètement dans sa coquille. G. VI. Succinea. p. 14.
Animal pouvant rentrer complètement dans sa coquille 16

16. Coquille turriculée, opaque, ordinairement bicolore, dépassant 15 mill. de h. G. IX. Cochlicella. p. 36.
Hauteur de la coquille n'atteignant pas 10 mill . . . 17

17. Coquille cylindroïde à sommet obtus ; dernier tour pas ou à peine plus grand que l'avant-dernier ; des plis ou dents à l'ouverture. G. XV. Pupa. p. 43.

Coquille turriculée, ovoïde ou conoïde, atténuée au sommet 18

18. Coquille transparente, cornée ; plus de 5 mill. de haut . . . . G. X. BULIMUS. p. 37.
Coquille opaque, blanche ; moins de 5 mill. de haut. . . . . G. XII. ACHATINA. p. 38.

19. Des plis ou dents à l'ouverture. G. XI. GONODON. p. 38.
Ouverture sans plis ni dents. G. XIV. BALEA. p. 42.

20. Coquille spirale. 21
Coquille patelliforme ou capuliforme. 23

21. Coquille discoïde ; tours de spire s'enroulant sur le même plan horizontal. G. XVIII. PLANORBIS. p. 51.
Coquille globuleuse, ovoïde ou subturriculée. . . . 22

22. Coquille senestre. . . . . . G. XIX. PHYSA. p. 56.
Coquille dextre. . . . . . G. XX. LIMNÆA. p. 57.

23. Coquille cuculliforme ; orifices pulmobranche, anal, génitaux à gauche. . . G. XXI. ANCYLUS. p. 62.
Coquille cymbiforme ; orifices pulmobranche, anal et génitaux à droite. . G. XXII. VELLETIA. p. 63.

24. Respiration pulmonaire ; esp. terrestres. 25
Respiration branchiale ; esp. aquatiques. 26

25. Haut. de la coquille dépassant 10 mill. . . . . G. XXIII. CYCLOSTOMA. p. 65.
Haut. de la coquille n'atteignant pas 5 mill. . . . . G. XXIII. (*bis*). ACME. p. 65.

26. Spire presque 0 ; opercule s'articulant avec la columelle à l'aide d'une apophyse latérale . . . . G. XXVII. NERITINA. p. 71.
Spire plus ou moins développée ; opercule sans apophyse. 27

27. Animal androgyne ; branchies disposées en panache exsertile. . . . . G. XXVI. VALVATA. p. 70.
Animal unisexué ; branchies pectiniformes, toujours intérieures. 28

28. Haut. de la coquille n'atteignant pas 15 mill.
. . . . G. XXIV. BYTHINIA. p. 66.
Haut. de la coquille dépassant 30 mill. . . . . .
. . . . G. XXV. PALUDINA. p. 68.

29. Pied avec byssus ; coquille mytiliforme. . . . . .
. . . . G. XXXIII. DREISSENA. p. 89.
Byssus 0 30

80. Long. de la coquille dépassant 40 mill. 31
Long. de la coquille n'atteignant pas 25 mill. . . . 33

31. Dents 0 à la charnière. G. XXVIII. ANODONTA. p. 73.
Des dents à la charnière. 32

32. Dent postérieure de la valve droite non lamelliforme. . . . . G. XXIX. MARGARITANA. p. 78.
Dent postérieure de la valve droite lamelliforme.
. . . . G. XXX. UNIO. p. 79.

33. Un seul siphon servant à la respiration. . . . .
. . . . G. XXXI. PISIDIUM. p. 83.
Deux siphons servant l'un à la défécation, l'autre à la respiration. . . G. XXXII. CYCLAS. p. 86.

FIN DE LA PREMIÈRE PARTIE.

En terminant cette première partie d'un travail commencé depuis plusieurs années, nous sommes heureux de remercier ici les bienveillants correspondants qui par leurs conseils ou leurs collections, ont bien voulu faciliter notre tâche, souvent pénible. Citons entre autres, notre regretté maître M. Cailliaud, le professeur Fliger, et avant tous, M. Taslé, l'infatigable conservateur du musée de Vannes dont les savants avis nous ont toujours été du plus grand secours. Qu'ils nous permettent de compter encore sur leur concours pour étudier les mollusques marins qui feront l'objet de notre deuxième partie, de beaucoup la plus sérieuse, et par les recherches continues que notre travail nécessite, et par le manque où nous nous trouvons en France d'ouvrages spéciaux sur la matière, et plus encore par la difficulté — que, en histoire naturelle bien comprise, il faut toujours, croyons-nous, chercher à vaincre — de faire (ou de vérifier les descriptions déjà faites) *in situ* et sur l'animal vivant.

La Morinaie près Redon (Ille-et-Vilaine), décembre 1873.

DU MÊME AUTEUR : (Ouvrages parus à la même librairie).

CATALOGUE DES PLANTES QUI CROISSENT SPONTANÉMENT AUX ENVIRONS DE REDON (Ille-et-Vilaine). — 1re partie : *plantes vasculaires*. 1866. in-8°, ... 1 f. 50

SUPPLÉMENT AU CATALOGUE DES PLANTES PHANÉROGAMES DU PAYS REDONNAIS, 1858. in-8°, ... 0 f. 50

LA PRESQU'ILE GUÉRANDAISE ET LES BAINS DE MER DE LA COTE, 1869. in-18, ... 1 f. 25

REDON ET SES ENVIRONS, *Guide du voyageur*. 1869. in-18, ... 1 f. 25

Pour paraître prochainement :

ESSAI D'UN CATALOGUE MÉTHODIQUE ET DESCRIPTIF DES MOLLUSQUES TERRESTRES, FLUVIATILES ET MARINS, observés dans l'Ille-et-Vilaine, les départements limitrophes de l'Ouest de la France et sur les côtes de la Manche. de Brest à Cherbourg. 2me partie : *Mollusques marins*.

EXPLORATIONS ICHTYOLOGIQUES EN BRETAGNE, sur les côtes de l'Océan et de la Manche et dans les eaux douces de l'intérieur.

CATALOGUE DES PLANTES QUI CROISSENT SPONTANÉMENT AUX ENVIRONS DE REDON (Ille-et-Vilaine), 2me partie : *plantes cellulaires*.

VOYAGE DANS LE NORD DE L'EUROPE : recherches paléontologiques et antéhistoriques dans le Kjokkenmoddings, les tumuli et autres débris mégalithiques de la Russie, la Norwège, la Suède, le Danemark et les îles Britanniques, comparés aux monuments analogues retrouvés en Suisse, en Algérie et en France (spécialement dans la Bretagne continentale).

HISTOIRE NATURELLE DU MORBIHAN (*botanique*), catalogue des Lichens observés dans le département.

Lichenum huc usque in galliâ occidentali repertorum descriptiones.

FOSSILLES DU CALCAIRE TERTIAIRE DE CAMPBON (Loire-Inférieure).

www.ingramcontent.com/pod-product-compliance
Ingram Content Group UK Ltd.
Pitfield, Milton Keynes, MK11 3LW, UK
UKHW020930180726
13838UKWH00002B/857